尹慕言 著

"時間喚醒教練" 尹慕言首部作品

掌控
24 小時

讓你效率倍增的時間管理術

24 HOURS
IN CONTROL

過好每一天　　時間看得見

謹以此書獻給我的家人
以及正在創造無限可能的你！

自序

真正的成長在路上

曾在2002年獲得諾貝爾經濟學獎的康納曼（Daniel Kahneman）在其著作《快思慢想》的序言中寫道：「我想每位作者都會在腦海中勾勒讀者因為讀自己的書而受益的情形。」作為本書的作者，我自然也不例外。

寫這本書時，我經歷了漫長的心路歷程，想要分享給你的也絕非這寥寥數語，真正激勵我提筆完成它的，是詹姆·柯林斯（James C. Collins）的一句話：「沒有人會永垂不朽，但是書籍和思想永存。」當然，我並非奢望永存，只是想借這本書見證自己的成長，如若有幸，也期待見證你的成長。

其實，想要寫一本書的念頭很早就有了，直到生下第二個寶寶，有了很多不同的社會身分，研習了教練技術，思索了生命的意義，我才憬懂地感覺到，自己的人生有了新的感悟。32年前，我出生在一個小縣城，一路卯足了勁兒打拚到現在，職場生涯雖算不上轟轟烈烈，也總算小有所成。一直以來，我從未停止奔跑，也從未想過停止，雖也曾撞得頭破血流，但從不捨得離開這個「戰場」——職場。在職場的時光，是一個人一生中最長的時光，也是最絢麗、最精采、最具生命力的時光。我希望你也能在這段時光裡，為自己的生命旅程寫下濃重且值得紀念的一筆。

我認為，這是一本最不像時間管理，卻以一天24小時為時間線呈現給你的喚醒之作。「喚醒」正是令我著迷的地方。很多人埋頭與時間賽跑，往往忽略了自己到底想要什麼、想去哪兒、想成為什麼樣的人。所以，與其說這是一本書，不如說它更像是你一天、一週、一月、一年，乃至整個成長之路上最忠誠的影子，它要喚醒的不是時間，而是你。當然，你也可以把它化作一把裝在時間盒子裡的隱形鑰匙，要不要取出這把鑰匙、打開你清晰可見的成長之門，全憑你自己決定。而我，就如同你最親密的夥伴，將默默地站在你身旁，為你的任何選擇鼓掌。

我猜想，選擇這本書的你，一定是一位終身成長理念的踐行者，你在個人成長和職場發展方面都是如此，對嗎？

如果你的答案是肯定的，那麼我會非常開心，也很榮幸你能與我一起踏上這場關乎你的每一個24小時的成長之旅。

如果你認為自己暫時還不是一位終身成長理念的踐行者，我也期待這本書能激發你的成長意願，開始創造屬於你自己的每一個24小時，繼而邁上一個新台階。要知道，終身成長理念的踐行，代表的不僅僅是終身學習，更是終身實踐。

最後，我想用以下3個喚醒我成長之旅的問題問一問你。

- 5年後，如果你的家人、朋友因你而改變，那是因為你做了什麼？
- 10年後，如果你所在的環境因你而逐漸改變，那是因為你做了什麼？
- 50年或更長的時間後，如果這個世界因你的存在而發生改變，那又是因為你做了什麼呢？

我一直在思索這3個問題，也是帶著這3個問題提筆寫下這本書的。我認為，真正的成長永遠在路上。我期待在這條路上，遇見你。

尹慕言
組織發展專家、個人成長教練
「時間喚醒教練」理念提出者

讀本書前，你必須知道的底層邏輯

在讀這本書之前，我希望你先瞭解這本書的底層邏輯，它能提升你在職場中的表現，幫助你實現人生目標。

本書的使命：喚醒

當年賈伯斯邀請百事可樂副總裁約翰・斯卡利（John Sculley）加入蘋果時說過一句話：「你是想一輩子賣糖水，還是想要一個改變世界的機會？」

如果你也曾被這句話觸動，那麼你一定會明白，「喚醒」的意義正在於此。

其實，每個人都是一座寶藏，每個人都擁有極大的能量，每個人都值得被深度挖掘，只是很少有人意識到還可以「喚醒」自己，由自己按下啟動鍵。

在成長過程中，我們常常把啟動鍵交到別人手上，先是父母、家人、朋友，再是導師、好友、同事，繼而是任務、項目、職位……殊不知，真正的開關其實應該掌握在你自己手裡。所以，在這本書中，我運用大量的教練技術協助你找到那個開關，讓你站在更高的維度，獲得更開闊的視野，激發由內而外的潛能，甚至激勵、影響他人。

「喚醒」是我從初次接觸教練直至成為一名國際認證教練，這一路的真切感受。我希望你也能借此在這一成長旅程中獲益。

「喚醒」是借由一天24小時、「職場」還原你的每一天。你要知道，你完全可以借此喚醒內在對於成長的覺知，喚醒極具能量的行動力；你要知道，你完全可以在未來的職場之旅乃至人生之旅中，創造且擁有無限可能。

你永遠值得一個更好的自己。

本書的明線與暗線

本書借著24小時的時間明線，穿起了一條個人成長發展的暗線。同時，本書潛藏了你的職業生涯路徑。因為它意在告訴你，每個人都是自己職場的CEO。

你需要具備領導者的思維、意識、格局、實力，不斷歷練；同時，你要善用周圍的資源，影響他人，回饋他人。

明線是時間，是一天的24小時；暗線是你，是你的成長發展之旅；主線是喚醒，喚醒自我，喚醒行動。這些是撬動你的無限可能的槓桿。

如何使用這本書

正如我一直強調的，這不是一本僅供閱讀的書，而是一本敦促你實踐的書。

這本書也許會成為你閱讀清單中的特例——你在讀過幾章或幾節後會想要闔上它，以便將書中所學立即付諸實踐。那麼，想做就去做吧。接下來，我相信，你會邊實踐邊把它讀完，因為，每一頁的內容你都用得上。

打開這本書，你就可以看到專屬於你的一天24小時。在這一天中，

從早晨、上午、中午、下午一直到晚上,對這些時間的規劃搭建了你的個人成長系統。本書的每一章都有不同的問題、觀點和故事,這些問題或故事可能是你正在經歷的,也可能是你從未經歷過甚至從未思考過的,但我相信你可以從中得到啟發,啟動行動力,真正嘗試並驗證它們。

當然,你也可以根據自己的需求或喜好,從書中相應的章節入手,閱讀這本書,讓它更好地為你服務。

規劃的早晨

在這一章,我希望你能著眼於規劃,專注於行動,因為這關乎你能否真正得以成長發展。在這一章,你會發現,最好的職場和人生狀態其實是**既著眼於未來,關注價值;又專注於當下,完成任務**。這一部分介紹的變革公式會帶你找到對現在的不滿,明確未來規劃,邁出小到不可能失敗的第一步,以此觸發改變。

你還要知道,推動發展的是行動,只要開始行動,你就已經走上了自我發展的軌道,記住,別忘了著眼未來,腳踏實地。

專注的上午

在這一章,我開始運用「24小時時間導航」幫助你鎖定高精力週期,繼而讓你看見時間、記錄時間、管理時間,並保證你在高精力周期裡獨立、專注、不被打擾。如若必要,你還可以每天給自己開一個只有你一個人參加的會議,運用「Z計畫」「DONE-E法則」以及「心流番茄鐘」幫助自己處於良性循環狀態,讓自己在專注投入的同時,妥善並前置化地處理他人的需求,防止自己和他人被時間追著跑。

在這一章,我們通過找到「重要他人」,挖掘事情的本質,真正堅持

要事第一原則。我們開始清楚職場離不開協作，所以，我們也能有策略地通過管理「重要他人」的時間，實現助力自我發展的目的。

另外，我們也將從心理學的角度理解為什麼要學會放下「FOMO」心態，並嘗試通過「WWW EBI」有效回饋，賦能成長，不斷躍遷。

修復的中午

在這一章，你會發現中午這短短1~1.5小時的巨大價值，你可以通過「2分鐘熟睡法」主動小憩，還可以運用「12315法則」幫助自己恢復精力。重要的是，你開始注重職場人際關係，知道聊「八卦」也能為你增值，開始構建你的人際關係網絡。當然，不管你會在這段時間做什麼，重要的是找到屬於你自己的「成長節律」，讓自己在保持秩序感的同時，真正開始用心經營「職場」這個舞台。

協作的下午

在這一章，我提出了一個新概念——「ICO型」[①]人才。企業中有首席執行長（CEO）、首席運營長（COO）、首席財務長（CFO）、首席人力資源長（CHO）、首席技術長（CTO），等等，唯獨少了一個「ICO」。「ICO」旨在告訴你，你需要先把自己放在領導者的高度做事情，用領導者的視角、狀態、行事作風要求自己，直至成長為名副其實的「CEO」。

在這一章，你還會瞭解，「ICO型」人才集合了獨立、協作、共贏這一系列特質，這些特質是新商業模式對於人才最基本的系統需求，也是每一位職場人成長發展所應具備的基礎特質。

---

① ICO是獨立（Independent）、協作（Collaboration）、共贏（Our Win-win）三個詞的英文縮寫。

我希望你知道，你首先要成為一個獨立且強大的超級個體並善於與自己協作，然後才能更好地與他人協作、與機器協作、與時代協作。「與自己協作」代表著與自己的時間、精力、情緒、狀態協作；代表著跨越能力陷阱，正視錯誤、拖延、混亂並保持創造力；代表著真正讓自己從「做」成長為「成為」，並能夠運用「迪士尼策略」發揮自己內在的3種不同力量，將不可能變為可能。

此外，協作還意味著你將不斷成長，肩負更大的責任。你開始能夠更加系統地關注全域，你也知道撬動事務的關鍵要素無外乎定目標、追過程、拿結果以及勤複盤；你開始能夠運用「DIKW」[2]模型更新你的知識系統，並不斷實踐、檢驗，繼而真正擁有人知合一的智慧；你開始有意識地打造個人品牌，善用一切外部資源，與機器智慧對話，與這個時代對話。因為你知道，這些都將成為你成長路上最重要、最強大的外部資源，幫助你成長為更加出色的自己。

投資的晚上

其實，整本書都在圍繞投資展開，只不過這一章投資的筆墨更為濃重。在這一章，你開始通過量化後的「時間能量趨勢圖」夯實你的高精力周期；你知道可以運用15%時間規則，給自己設計一處秘密提升的小「基地」；你更加注重人際關係網絡的構建，而且已經開始抽時間投身公益，並在情感帳戶上儲蓄；你開始知道身體也需要投資，尤其是睡眠，你開始讓自己的24小時收支平衡，允許自己休假。

當然，最後我們會發現，投資勢必有短線收益（像獵人），也有長線收益（如農夫），重要的是保持持續向前的進行式狀態，保持自我投資，並在成長這條路上保有必要的儀式感。

成為終身成長理念的踐行者

這一章將幫助你建構屬於你的人生成長系統，點亮成就地圖，不斷突破、革新。

期待你能夠真正地喚醒自己，把自己培養成自己的時間喚醒教練，不斷打造、反覆運算你的成長系統，成為終身成長理念的踐行者。

這本書適合誰

即將步入職場的你

如果你是一名即將步入社會、踏進職場的新人，那麼，本書應該成為你的案頭書，它可以幫助你做好準備，讓你在踏入職場前先瞭解一些必要的規則。當然，我需要提醒你的是，你不能奢望這本書可以解決你所有的問題——實際上，任何一本書都不能解決所有的問題；你也不要奢望讀完這本書就能馬上擁有應對職場一切問題的真實技能，實際上，所有的技能都必須靠你自己通過行動獲得。所以，請記住，**這是一本聚焦實踐的書**，它需要你真正行動起來。

已經小有成就，但仍在不斷成長的你

如果你已經在職場打拚多年，並且有了一些小成就，想要突破、提升，或者正在迷茫之際，不知道如何向前邁進，那麼很榮幸這本書可以幫助你。你可以選擇自己關注的章節重點閱讀，但一定不要錯過早晨篇、下

---

② DIKW是數據（Data）、信息（Information）、知識（Knowledge）、智慧（Wisdom）四個詞的英文縮寫。

午篇、晚上篇以及尾聲，這裡有幫助你破局的關鍵。這是一本聚焦破局的書。它可以幫助你跳出現實，站在更高的維度，逐步明晰真實的目標，刻意訓練、不斷革新。

作為管理者或者企業創始人，想幫助員工成長的你

如果你已經是企業中的管理者，或者你正在經營自己的企業，擁有自己的團隊，那麼，我期待這本書可以成為你們團隊共有的底層作業系統。它帶來的價值也不僅僅是統一管理語言、統一行動方向、統一行動力這麼簡單。你尤其需要重點閱讀上午篇、下午篇以及尾聲的內容。畢竟新時代將是超級個體依託平台協作、聚攏大眾勢能、創造指數型增長的時代，而你和你的團隊也將是這個系統中重要的構成因子。這是一本聚焦系統的書。沒有任何超級個體可以脫離組織、脫離平台、脫離時代。我相信在你們的聚力下，你們一定可以創造屬於自己的輝煌！

這本書不適合誰

缺乏行動力的人

只思考不行動的人是不適合讀這本書的，因為這本書以實踐為依託，希望你借由行動真正觸發改變，助力你在改變過程中不斷明確真正的目標和方向，升級你的底層作業系統，收穫屬於你的成就！

不想終身成長的人

沒有任何一招能屢試不爽，而終身學習、終身實踐至少可以應付生活中的一大部分問題。如果你還沒有做好這個準備，那麼，這本書顯然不適

合你，但我仍然想祝福你，期待你能有更好的發展！

當然，這本書的內容，是在我所見、所知範圍內整理總結的職場人、領導者以及管理學家理論、實踐背後的點滴精華，也不一定全是對的。所以，如果你有更好的建議和觀點，歡迎隨時與我聯繫。正如我在書中提到的，在走向卓越的路上，我們需要的是對手，希望你也是一位強勁的對手；同時，感謝你願意倒逼我不斷成長！

你還可以收穫什麼

這本書運用了大量教練技術與智慧，同時又著眼於職場真實的應用場景，並相應地設置了「喚醒時刻」，旨在鼓勵你思考自己的經歷，激發新的洞見，從頓悟到行動，從喚醒到躍遷。

現在，我期待你能夠帶著這3個問題，翻開這本書。

- 我為什麼想要讀這本書？
- 這本書可以給我帶來哪些幫助？
- 我將如何依循這本書採取行動，改變我的現狀？

不要錯過任何想法與反思，寫下值得關注的每一個亟待改變的小細節以及你的新發現。當然，最重要的依然是踐行。讓我們行動起來！

你的每一天、每一個24小時，都要為你所用。

目　錄

自　序　真正的成長在路上　　　/ 005

讀本書前，你必須知道的底層邏輯　　　/ 008

早晨篇

第一章　規劃的早晨

第一節　100種早起方式，不如一種掌控感　　/ 022

第二節　使用喚醒「咒語」，進入最佳狀態　　/ 031

第三節　設立行動計畫，持續不斷行動　　/ 034

第四節　一切阻力的超級變數──行動　　/ 041

第五節　美好的一天由你開啟　　/ 045

上午篇

第二章　專注的上午

第一節　新起點效應　　　/ 052

第二節　寫下來，意味著開始跑起來　　　/ 064

第三節　主動出擊，不要被動應對　　　/ 076

第四節　別讓這些拖了你高效的後腿　　　/ 087

第五節　為你的「重要他人」創造專注空間　　　/ 100

中午篇

第三章　修復的中午

第一節　午間精力修復術　　　/ 118

第二節　午間也是社交的好時機　　　/ 128

第三節　午間構建你的人際關係網絡　　　/ 140

下午篇

第四章　協作的下午

第一節　新型協作模式，賦能組織發展　　/ 146

第二節　找到撬動機會的關鍵四要素　　/ 173

第三節　看不見的地方也需要管理　　/ 186

第四節　未來，能與機器對話的人最值錢　　/ 209

晚上篇

第五章　投資的晚上

第一節　帕金森定律與霍夫施塔特定律　　/ 236

第二節　摒棄「浮淺工作」模式，給成長創造空間　　/ 242

第三節　設計並兌現你的人際關係帳單　　/ 249

第四節　停止「報復性熬夜」，讓你的 24 小時收支平衡　　/ 259

第五節　保持儀式感，給未來留一點不可預測性　　/ 267

尾聲
第六章　就到此結束了嗎

第一節　堅持做好「一」，點亮成就地圖　　/ 276

第二節　你需要一位時間喚醒教練　　/ 280

我的答案僅供參考　　/ 285

致　謝　　/ 287

・・・・・ 早晨篇 ・・・・・

第一章　規劃的早晨

我們要做的不是抓住時間，而是喚醒時間。

昨天消失了，明天還沒有到來，我們只有今天，讓我們開始吧！

——德蕾莎修女（Blessed Teresa）

第一節
100種早起方式，不如一種掌控感

假如你問一個人「時間是什麼」，你可能得到各種各樣新奇且有趣的答案。但我敢打賭，沒有一個答案能夠明確地闡述「時間到底是什麼」。

時間不受我們控制，它是一個「自動導航系統」。不管你重不重視、在不在意，時間都在悄無聲息地發揮著它獨有的影響力。這也是為什麼總有人想告訴你，**時間是人一生中最關鍵的變數**。

每個人的一天都是24小時、1440分鐘、86400秒，但隨著時間的流逝，人與人之間的差別也越來越大，雖說各人有各人的活法與追求，但造成這種差異的根本原因在於，你有沒有想過喚醒自己，喚醒時間。

著名作家馬克・吐溫曾經說：「**人的一生有兩個日子最重要，一個是你出生的那一天，另一個是你知道自己為什麼出生的那一天。**」

當你真正明白自己為什麼出生，你每天的24小時也將被賦予獨特的意義。

我們即將開啟的24小時時間之旅，就是從喚醒時間的那一刻開始的。當你能感知到時間並與時間共舞時，時間才能真正為你所用。

接下來，我們將從一天最重要的時間段——早上的時間開篇。

開啟24小時「時間之旅」

為贏得早上的時間，早起成了避不開的話題，也一直備受爭議。知乎上一則名為「如何不痛苦地早起」的帖子更是吸引了超過340萬人駐足關注，不知從何時起，早起在很多人的心中已經悄然地與痛苦掛了鉤。

在早起這件事情上，不同的人面臨不同的挑戰。我身邊小A的例子更是極具代表性。

小A是一個性格好強的男生，剛剛畢業就加入了一家世界500強的外商，從事的也是他最喜歡的企劃工作，雖然收入不算太高，但生活過得還算充實。誰知，最近他所在的公司不斷傳出業務重組和戰略性裁員的消息。公司上下人心惶惶，小A也深受影響。看著一個個身陷「中年危機」的同事拿著微不足道的賠償金離開公司，小A整夜整夜地睡不著，他總覺得自己應該做點什麼。

梳理一番後，他打算先從培養早起的習慣開始，一來可以利用早起後的時間學習業務知識，提升自己的職場競爭力；二來有機會把之前訓練過的加分技能重新撿起來。

盤算一番後，他打算利用早起時間，先從練習英語、寫作、演講這三項開始。他想，就算有一天公司發展不景氣，自己被迫離開，他還可以借由訓練的能力開拓一條新的職場賽道，順便緩解現在的焦慮情緒。想到這，他立即著手，設好鬧鐘，備好本子，擺出一副大幹一場的架勢。

結果，還沒堅持一週，他就又栽倒在床上。

回想自己屢屢敗下陣來的經歷，他覺得主要是因為沒有同行者、一個人堅持不下去。所以，他乾脆加入了一個早起訓練營，跟

著訓練營裡的夥伴一起早起打卡、互相監督。果然，情況確實有所好轉，至少每天群內的打卡紀錄上有了小Ａ的名字。

即便如此，小Ａ還是不可避免地陷入了更深的焦慮—早起是做到了，也列了各種計畫，可是他依然很焦慮，總感覺起是起來了，卻什麼也沒做好，於是，他開始不停地埋怨自己白白浪費了大把時間。這種情況越來越嚴重，他的狀態也變得比沒早起時還要糟糕。確實，在小Ａ早起的那段日子裡，公司正處於變革期，部門之間的關係變得十分微妙。在重重壓力下，小Ａ更加緊張了。

早起後不停地瞎忙，白天還要在各個場合拋頭露面、努力表現，晚上又怕錯過任何消息，躺在床上也抑制不住地滑手機⋯⋯早起加上沒能改掉的熬夜習慣，以及日益焦慮的狀態，讓他的精力嚴重透支，以至於後來慢慢演變成早早睜開眼在訓練營裡打個卡，又迷迷糊糊地睡了過去。

白天無精打采、不時犯睏的小Ａ還被高層點名批評過兩次。這樣一來，原本好強的他越來越不願意面對主管、同事以及越發失控的現實，每天一睜眼就想找個藉口逃避上班。

這讓小Ａ很鬱悶，他不想像身邊的其他同事那樣，因「中年危機」而焦頭爛額，也不想像現在這樣，看似勤奮卻毫無意義。

看了小Ａ的經歷，我深深地嘆了一口氣。不知道你身邊是不是也有這樣的朋友，或是你自己也正在經歷這樣的現狀──我們想盡辦法讓自己抓住一切時間，可越想抓住卻越發失控，甚至感覺比行動之前還要焦慮？歸根結底，這並不是早起惹的禍，對時間的失控感以及對未來的未知和恐慌，才是讓我們焦慮的根本原因。這種無謂的焦慮，既無法幫助我們把握

早晨篇
第一章 規劃的早晨

時間，還嚴重影響我們的狀態，干擾我們的正常發揮，若長期如此，我們只會不斷失控。

在參與並發起了幾十期早起訓練營後，我發現，早起過程中遇到的種種情形，都可以按照任務、價值、當下、未來這四個維度，歸為圖1-1中的四種類型，我稱其為「個人規劃四象限」。

這四種不同的狀態，不僅僅是人們在面對早起這一情況時會出現的，也代表四類人應對當下與未來的不同行為模式，這四類人分別是：**逃避一族、奮鬥一族、理想一族和自律一族**。

橫座標代表任務和價值，反映人們在完成一項工作時，是選擇僅僅關注任務本身，做完了事，還是關注任務背後的價值，從而自願承擔更大的責任，更自發、更投入地工作。

縱座標代表當下和未來，反映人們做事情時，是更關注眼前的一畝三分地，僅僅為了完成而完成，還是關注更長遠的未來、更遠大的目標。

▲ 圖1-1 個人規劃四象限

025

當然，採用這四種行為模式的人，在應對早起這件事情時，也會有不同的應對方式。

用逃避麻痺自己

逃避一族的典型表現是不願意、不想，甚至是不敢面對「糟糕」的現狀（其實在大多數時候，現實並沒有他們想像的那麼糟），所以他們選擇逃避。

逃避的原因有很多，比如，不想面對吹毛求疵的上司，不想約見愛找碴的難纏客戶，不想與討厭的同事相處，不想待在不舒服的環境中，等等。在面對自己不擅長、沒做過的事（比如答辯、演講、主持）時，在壓力過大、待辦事項過多時，逃避也就成了他們應對事務的方式。

那些迎面而來的狀況，讓他們抵觸、焦慮、膽怯、退縮，他們下意識地尋找相對安全的方式麻痺自己——能耗一秒是一秒，能躲一時是一時。他們常常幻想著：最好今天遇到暴雨、停電，要麼乾脆向上司請個病假，總之，最好不要面對。

更無奈的是，他們賴在床上，卻睡不著；端著飯碗，卻吃不香；看著別人越來越好，自己卻遲遲不肯付諸行動，結果搞得自己越來越焦慮。

越不願面對越無法面對，只能一逃再逃。

表面勵志，卻難以養成長期習慣

奮鬥一族看起來很勵志，他們往往因為某項任務、某個想法或某種壓力而選擇行動。

比如，公司近期有個重要的項目，老闆一大早打來緊急電話，他們就能瞬間爬起；重要股東要來公司視察，他們被迫5:00就從家裡出發，提前去安排、對接；公司委派他們出差，航班5:30起飛，不到4:00他們就坐上了計程車⋯⋯

奮鬥一族一向積極樂觀，也善於關注事件背後的價值，甚至還具備一種難得的品質——越被質疑就越充滿鬥志，但他們通常只聚焦於當下或短期任務，且常常陷入瑣事而不自知。他們享受挑戰帶給他們的緊張感和刺激感，一旦沒有新的任務和挑戰，或者環境不再適合他們維持這種亢奮的狀態，他們會覺得單調乏味。

他們需要成就感，渴望被認可，可一旦發現持續努力仍無法獲得期待的回報時，他們也可能後退，成為「逃避一族」。

理想是美好的，現實是骨感的

理想一族的典型表現之一就是說得漂亮，做得潦草。他們寧願窩在沙發裡暢想，也不願意衝到前線去流汗。他們對未來充滿希望，卻總是在現實中掙扎，這種兩極分化的狀態，常常使他們顯得好高騖遠。

理想一族還總是被小小嘗試或短暫行動後的挫敗感打敗，這種受挫的經歷，使他們快速跌落至空想狀態。

他們大腦裡的潛台詞是：「明明我也可以，為什麼不是我？」他們待在自己的小世界裡越久，就越覺得世界不公平。殊不知，美好的未來和現實之間的鴻溝，只有通過行動才能跨越。

理想一族享受的是自己的大腦中構建出來的幻想畫面，他們樂此不疲，卻無法解決現實問題，長此以往，理想終究只能是空想。

不是間歇式興奮，而是持久式精進

自律一族的自律並不僅僅是簡單的自我約束，而是一種攻守合宜的持續行動，是一種發自內心的自願行為。自律一族的確和以上三者不同，他們不像逃避一族，膽怯、畏縮，讓自己陷入惡性循環；也不像奮鬥一族，激情、亢奮，卻三分鐘熱度；更不像理想一族，精力充沛但光說不練。但他們又可以像理想一族一樣對未來抱有美好的期待，像奮鬥一族一樣敢於直面挑戰且充滿活力，同時他們還能腳踏實地、持續行動。

自律一族源源不斷的行動力，來自篤定的內心和明確的方向。

如同習慣養成就是不斷重複一樣，自律一族做成一件事絕非一時興起，他們能夠走出間歇性興奮的怪圈，在不斷行動與持續精進的過程中獲得成長。

別讓自己回落，真正喚醒時間

瞭解了這四種類型的人應對未來的不同行為模式後，再回頭看小A，你會發現，他至少經歷了三個階段。

一開始，他是奮鬥一族，他清楚地知道行動背後的價值，並且摩拳擦掌，真正付諸了行動。繼而，他把自己悄悄變成了理想一族，給自己列了待辦清單和行動計畫，但越來越力不從心，越來越缺乏行動力，以至於不

得不面對一再失控的現實,這也使他的狀態越來越糟,變得只肯空想,不願行動,最後,使自己成了最不想成為的逃避一族(見圖1-2)。

現實中,確實有不少人不斷退化,成為逃避一族。當然,這不是最可怕的,最可怕的其實是,你任由自己持續處於阻礙成長的模式中,不肯自救。

所以,時間管理的第一步,其實是訓練自己對自我行動模式的感知,清楚自己正處於哪個階段,希望自己成長到哪個階段,並通過學習、應用本書所講的自我管理方法,讓自己主動發力,將一切變得可控。

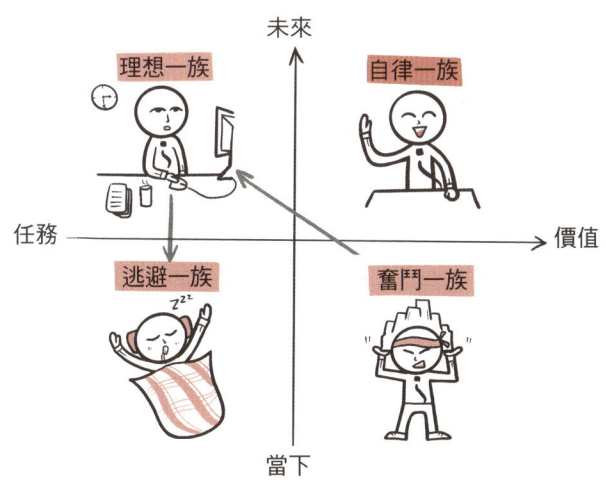

▲ 圖1-2 小A狀態的演變

掌控24小時
讓你效率倍增的時間管理術

 喚醒時刻

在成為自律一族之前，我想問你以下問題。

目前，你處在哪種狀態？

_____

_____

_____

在此之前，你經歷過哪些階段？

_____

_____

_____

你打算如何幫助自己轉變？有什麼標誌性事件令你印象深刻？

_____

_____

_____

第二節

使用喚醒「咒語」，進入最佳狀態

就像職業生涯規劃大師唐納德・E・舒伯（Donald E. Super）基於20年的研究成果繪製的生涯彩虹圖③（見圖1-3）中呈現的那樣，在現實生活中，每個人都有不同的社會角色和屬性，這些角色和屬性相互交織，甚

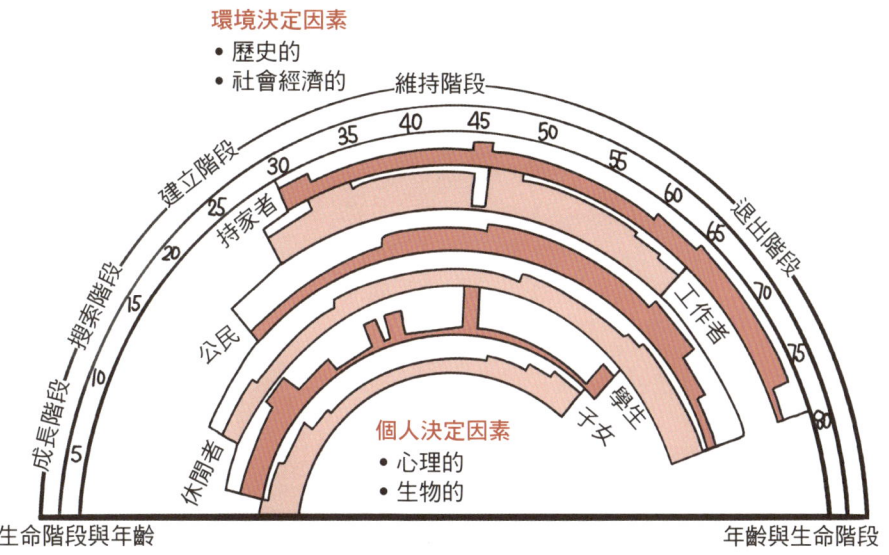

▲ 圖1-3　生涯彩虹圖

至同時出現。我們在訓練自己成為自律一族的過程中，逃避、理想、奮鬥這三種狀態也常常會循環出現。

比如，我是一個職場人、一位寫作者、兩個孩子的媽媽、教練、講師，同時我還是一名學生。這也使我在剛剛有第一個寶寶時，也曾交替出現過逃避、奮鬥和理想這三種狀態。白天奔波於繁忙的工作場合，晚上常常是哄睡了孩子後再爬起來寫報告，別人的週末可能是在娛樂和休息，我的週末卻總是在加班和進修。在這樣高強度的折騰下，心臟終於向我發出了嚴重的警告，後來，聽了醫生的勸誡，我才開始有所收斂。

身體的警報讓我意識到盲目早起只會給自己帶來更大的麻煩，找到最適合自己的、不割裂的成長方式才是關鍵。

自律一族的判斷標準<u>不是起床時間的早晚，也不是排程的多少，而是是否擁有不斷精進的方向</u>。只有朝著這個方向，享受早起帶給自己的專屬時間，用這些時間進行刻意練習，以此獲得成長。

<u>只有真正從投入時間這件事情上獲益，我們才有可能長期幸福地堅持下去。</u>

那麼，怎樣才能既擁有方向享受時間，又能在長期投入中獲益呢？答案是：從變革公式（Change Formula）④入手。

如圖1-4所示，變革公式包括三個必要因素，即對現狀的不滿（Dissatisfaction）、未來願景（Vision）、第一步行動（First Step）。當這三個要素的

對現狀的不滿 × 未來願景 × 第一步行動

▲ 圖1-4　變革公式

乘積大於變革阻力（Resistance to Change）時，改變才有可能真正發生。這三個要素中有一方為零，則意味著變革失敗。

當你決定培養早起的習慣或是決定開始做某件事時，不妨將變革公式作為你的喚醒「咒語」。

---

③ 生涯彩虹圖（Life-career Rainbow）是唐納德・E・舒伯（Donald E.Super）為了綜合闡述生涯發展階段與角色彼此間的相互影響，創造性地描繪出的一個多重角色生涯發展的綜合圖形。
④ 變革公式的全稱是變革平衡公式（Change Equation），又被稱作變革模型（Change Model），是理查・貝克哈德（Richard Beckhard）和魯本・T・哈里斯（Reuben T. Harris）在 1987 年共同提出的一個簡單有效的管理工具，用以迅速獲取組織變革及變革條件中的直觀影響因素。這個公式適用於個人、家庭、組織等領域的真正轉變。

第三節
設立行動計畫，持續不斷行動

找到不滿的真相，抓住阻力的源頭

很多人認為，改變就是要找到正確的方向，走正確的路，以便激發自己的動力，然後才能不斷前進突破。但大家往往忽略了，未來始終是個變量，而動力也並不持久，甚至會逐漸遞減——你不可能永遠充滿活力。只有看清阻力，你才能做出改變。

想要找到阻力的源頭，就需要從澄清對現狀的不滿開始。在這方面，我們將通過兩個步驟、五條探索路徑，幫助你找到真相、突破局限，從而喚醒行動。

第一步，找到對現狀的不滿（Dissatisfaction）。

(1) 我打算改變，是因為我對現狀有以下不滿：

_____

_____

_____

我們以小A為例，小A的不滿也許來自：

公司裡到處充斥著不安全感，每個人都在抱怨，很多人都在擔心自己被辭退……

種種情形讓他意識到：「我不喜歡這樣的氛圍，再這樣下去，我覺得自己也會變得消極，也會被辭退，這不是我想要的。」

人們總能清楚地知道自己不要什麼，所以，每個人都可以很容易地找到自己內心的不滿。

這些不滿可能是你的一種情緒、一個想法、一句不愛聽的話，或是一處不喜歡的環境等。找到不滿後，我們還需要不斷深挖，因為**不滿的背後還藏著真相**。

不斷問自己：「這個情緒、這個想法、這個決定……背後的真相到底是什麼？」把背後的真相找到，我們才能真正做出改變。

(2) 這些不滿背後的真相（真正的不滿）是什麼？

_____

_____

_____

小A看似是對公司的工作氛圍感到不滿，但其實更多的是對自己不滿，他不想讓自己再這樣繼續下去，擔心自己被淘汰、被替代……

如果你沒有狠狠地在某個地方栽過跟頭、吃過苦頭，你很難一下子就下定決心做出改變。只有當你對現狀的不滿已經強烈到必須採取行動、馬上改變時，改變才有可能真正發生。

所以，為了檢驗你決心改變的迫切程度，不妨給這些不滿打個分。1分最低，代表即使不改變也不會對你產生什麼影響；10分最高，代表你已經迫不及待地想要立即改變。

(3) 面對不滿意的現狀，你有多迫切地想要改變它？請在圖1-5中做出標記。

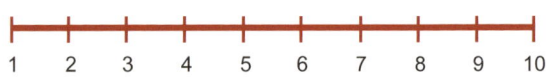

▲ 圖1-5　對改變現狀的迫切程度

就像甩掉一隻惱人的蒼蠅一樣，當你改變現狀的迫切程度達到10分時，我相信你無須任何催促或外力，就已經迫切地主動尋找方法進行改變了。

要記住，定義你的不滿其實是在定義那些讓你無法持續行動的阻力，而不是明晰你的目標。必須再次提醒的是，很多人錯把這一步當作明確未來的發展方向（或是前進的目標），那是不對的。這一步只是要讓我們看清真正阻礙我們改變的是什麼，讓我們半途而廢的是什麼，讓我們恐怖不安的又是什麼？等等。你在清楚最壞、最糟糕的情況將如何發展時，反而能更好地建構信心，從容應對。

這一步對逃避一族而言尤為關鍵。

知道不要什麼，更要清楚想要什麼

第二步，找到你的未來願景（Vision）。

1. 寫下你的未來願景

_____

_____

_____

願景也可以理解為你想要創造什麼樣的未來。比如，你希望自己半年後、1年後，甚至5年後、50年後成為什麼樣子。

這類問題可能對於那些從來沒有在這方面思考過的人來說稍顯困難。但也請你**先寫下來，讓自己看見**。

如果你實在不知道如何下筆，可以嘗試這樣寫：

「我希望自己在_____歲時，成為_____。」

心理學研究發現，**想像的場景、細節越具體，夢想就越容易實現**。當然，你想要實現的未來願景也可以是一幅畫面，甚至有著真切的、可以被觸摸到的五感[5]。

比如，你在哪兒？周圍的環境如何？你能聽到什麼？能看到什麼？能聞到什麼？畫面裡還有誰？他們在做什麼？諸如此類的問題。

我願景中的畫面是這樣的：

---

[5] 五感，即人的五種感覺器官：視覺、聽覺、嗅覺、味覺、觸覺。

在一個初夏的清晨,我像往常一樣5:00伴著晨光起床,在大大的落地窗旁熱上一杯溫熱的牛奶,做一些舒緩的運動。同時,用高科技的開放廚房給家人準備營養豐盛的早餐,滿滿的都是小驚喜。

然後,到兒子、女兒的房間把他們逐個喚醒。家人們圍坐在一起吃過早餐,我驅車送孩子們上學。下車前,他們會給我甜甜的吻和溫暖的擁抱,之後我來到自己的公司。

上午我會獨自工作,下午我會安排一些交流或客戶會談。17:00結束一天的工作後,我會留下1小時做做瑜伽或其他運動,釋放壓力,為的是保持好心態的同時保持好的面貌與體態。

回家路上,我接上孩子們,到家為他們準備溫馨的晚餐。飯後,一家人開啟共讀時光。22:00洗漱後,一切歸於平靜。

22:00~22:30是屬於我的私人時間,我會給自己列一份清單,梳理好明天的待辦事項,並在23:00左右進入夢鄉。

2. 使用SMART原則明晰你的未來願景

對於那些擅長暢想未來的人而言,天馬行空、無拘無束的想像是他們最熱衷的,但你也會發現,有些想像常常不著邊際。所以,要想讓這些願景得以實現,還必須遵循SMRAT原則(見圖1-6)。

比如,我希望在半年內完成10萬字的書稿,那麼,除了週末和國定假日,大概只剩下130天,如此計算下來,我每天只要寫770字就可以了。但我並不是只有這一件事情要做,我還要完成日常工作,要對接、溝通和協調其他事項;我還有許多人要見,也有自己的健身計畫、學習計畫和其他安排;除此之外,我還可能遇到

一系列待處理的額外事項,比如修改書稿,所以我必須提前完成書稿的寫作工作。

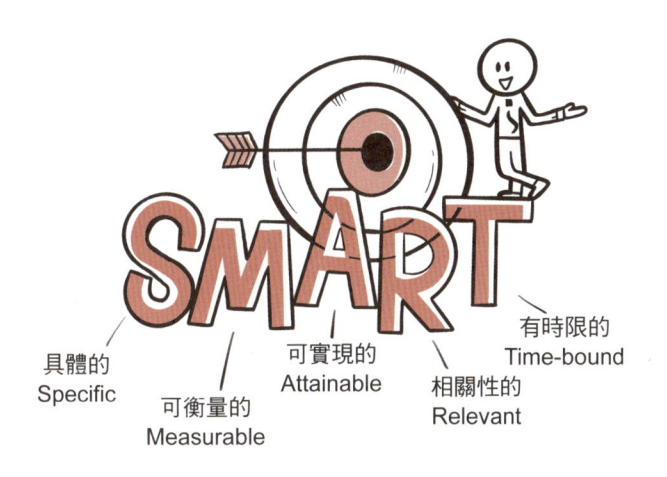

具體的 Specific
可衡量的 Measurable
可實現的 Attainable
相關性的 Relevant
有時限的 Time-bound

▲ 圖1-6　SMART原則

- S:未來願景必須是具體的;
- M:未來願景必須是可以衡量的;
- A:未來願景必須是可以實現的;
- R:未來願景與其他目標具有一定的相關性;
- T:未來願景必須有明確的實現時間。

我們都知道,即使計畫做得再翔實、再周密,也會出現一些突發狀況,而大多數突發狀況通常無法被精準預測,那麼我們就必須學會預留出相應的時間作為緩衝,並制訂必要的應對措施。所以,為了確保更順利地完成書稿,我把計畫進行了進一步的前置性調整。

還是計畫在半年內完成10萬字的書稿（具體）這個目標。由於我此前已經長時間刻意練習過寫作，現在平均每天至少可以寫下2000~3000字，這樣的寫作量耗時大概1~1.5小時，而且完全不耽誤完成其他事項（與其他目標有相關性）。那麼，我給自己定的計畫是每天完成1500字（可實現）。如果計畫在2020年6月1日開始，那麼我的書稿將在2020年12月31日前完成。

實際上，如果按照每天1500字的速度，我只需要連續寫作67天就可以完成初稿，結合可能發生的突發情況以及週末和法定假日的安排等，我將計畫調整為在3個月內（也就是90天內）完成初稿。完成的同時，我會陸續將稿子發送給編輯，同步修改、調整。這樣，我還可以利用最後的3個月再次精修，確保在2020年12月31日前全部完成（有明確的實現時間）。

「看見即實現」能夠幫助我們將目光投向未來願景，有效樹立自信，並有助於促使我們採取行動。但需要注意的是，**即使明確了方向，列好了切實可行的計畫，但實現目標沒有任何捷徑，你只能靠行動達成。**

願景不清晰必然導致行動步驟不清晰、動力不持久。所以，奮鬥一族們，依據SMART原則設立清晰的行動計畫，持續不斷地長期行動，才是我們要真正下功夫的地方。

第四節

一切阻力的超級變數——行動

想，都是問題；做，才有答案

第三步，邁出你的第一步（First Step）。

1. 寫下自己為實現未來願景決定邁出的明確可行的第一步

注意：這一步不需要太複雜，一小步即可。

_____

_____

_____

沒錯，就是一小步，明確可行的一小步。你不需要對這一步有過高的期待，也不需要把這一步搞得太難。嚴格來說，**越簡單的一小步對你達成願景越有幫助**。

你要確保這一小步小到不可能失敗。

假如，你計畫將起床時間從8:00調整為6:00，那麼，建議你先從比平時早起15分鐘開始。通過幾週或者幾個月的訓練，你的身體和意識習慣新的節奏之後，再提前15分鐘……如此循序漸進地調整。

假如，你計畫每天運動1小時，那不如從要求自己每天「穿好運動鞋」開始。穿好運動鞋後，你才有可能走上幾步，等真正走起來，才有可能多走幾步……

不要太激進地行動，步伐邁得太大就很難長期堅持，而痛苦的堅持往往是加速失敗的根本原因。不要擔心那些所謂「盲目行動會帶來糟糕後果」的論調。我們將會在第四章第四節中詳細介紹「犯錯」對我們的價值。

你越成熟，就越會發現：**錯誤的行動比一直等待有意義得多**。最起碼，我們已經比大部分人更早清楚了前面行不通。

2. 習慣養成需要循序漸進

你已經找到了早起的意義和目標，也完全可以做到早起。那麼，如何養成早起的習慣，將是我們要探討的第二個課題，而這個課題只能通過自己的持續行動得以實現。

在習慣養成的過程中，可能仍然會有人抱怨：「起是起來了，但精力不濟，頭昏眼花，狀態低迷，所以才會重新躺回床上。」我很遺憾地告訴你，**這並不是早起造成的，而是因為你硬撐**。關鍵在於，我們要學會休息，善用休息。

如果你實在困頓，就要允許自己短暫小憩。通常5~10分鐘的小憩，

甚至是短短的30秒的深呼吸，都能換來意想不到的精力恢復效果。硬撐不但對養成習慣毫無幫助，還會讓你更加疲乏，越撐越糟，不僅狀態變差，效率也會大打折扣。

當然，休息也需要掌握節奏和技巧，這部分內容我將在第三章第一節重點展開。

養成早起的習慣不是一蹴而就的。正如剛剛提醒大家的——訓練早起可以先從「每天提前15分鐘起床」一樣，凡事不要著急，太急反而毫無幫助。再大的事都要從小處做起，習慣的養成也是如此。

你要做的就是立刻行動，然後相信時間的力量。

一切阻力的超級變數——行動

前文提到，在變革公式裡，只有三個要素的乘積大於變革阻力時，變革才有可能真正發生。但我還是想欣喜地告訴你，你還可以跳出這個公式看問題。因為，**在現實中，還存在一個拉開人與人之間差距的超級變數——行動**！

也就是說，不管你有沒有挖掘出真正的不滿和阻力的來源，有沒有明確未來的發展方向和目標，**只要你先「採取第一步行動」並堅持行動，改變就會發生**。

正如管理專家理查·巴斯卡（Richard Pascale）所說：「真正的成年人傾向於先做而後產生新的想法，而不是先想，再以一種新的方式去做。」要知道，改變思考方式的唯一辦法就是改變做事的方式。

「先行動後思考」正是我們掀開成長新篇章需要修煉的第一個重要課題。**而最好的職場及人生狀態則是既能著眼於未來、關注價值，又能專注於當下、完成任務**。

畢竟，大腦可以憑藉想像帶著你飄向任何地方，但只有通過行動，你才能真正地站在那裡。

第五節

美好的一天由你開啟

記錄你的行動路徑

英國女作家夏綠蒂‧勃朗特說過：「人們總得有行動，即使找不到行動也得創造行動。」

只有採取行動，我們才能看到行動後的路徑和可能產生的結果。這些行動路徑和結果就是資料，可以幫助我們不斷檢視自己的行為，鞏固、糾偏，直到養成習慣，因為資料不會說謊。所以，現在，我邀請你有意識地根據接下來的每一個篇章的指引，記錄你的行動路徑，並把它們裝進屬於你的「24小時時間導航」中，形成你的導航系統。

比如，我每天5:00起床，在到8:30的3.5小時裡，可以做很多事情：洗漱後敷著面膜做一些簡單的運動，然後去寫作，等時間到了，把孩子們叫醒，一起愉快地吃早餐，接下來，開始一整天的工作和生活。

當然，我也會根據每天面對的不同情況，進行小範圍的調整。

比如，如果我今天必須花大量的時間進行寫作，那麼我可能縮減運動量或調整運動方式，但基本的運動習慣仍然會保留，只不過，我不會在運動上投入太多的時間。

正如開篇提到的，人生的不同階段會對應不同的週期，每一個週期需要關注的重心都不同，就如同每一天我們需要面對的任務、需要應對的挑戰不同一樣。靈活調整自己的節奏，妥善且自律地行動，才是最適合當下的解決方案。

給自己一個暗示和嘉許

當然，在這個美好的早上，也別忘了給自己內心一個積極的錨定，從而開啟全新的一天，這在心理學中被稱為「自證預言」。

「自證預言」指的是人們總會在不經意間把自己的預言變成現實。**你怎樣「預言」局面，局面就會怎樣發展；你怎樣期待自己，自己就會怎樣發展**。實際上，給自己一個嘉許，使用積極的語言暗示，就是在運用「自證預言」為自己創造一個好的開始。

著名的政治家班傑明‧富蘭克林（Benjamin Franklin）每天早上都會問自己「**我今天又會做什麼特別棒的事**」，以此開啟自己全新的一天。大腦有時很遲鈍，有時也很聰明，你告訴它什麼，它就選擇相信什麼。所以，你也可以嘗試在早起後，先給自己一個暗示：「**接下來要面對的一天，將是一生中最值得紀念、最重要的一天。**」然後，全心投入在這24小時裡，看看會有什麼驚人的不同吧。

任何習慣都是可塑的，你在不斷暗示和讚許的時候，就會依循習慣迴路形成一種新的行為。這個行為會在不斷重複的過程中被刻意訓練成我們

真正想要塑造的習慣。

去影響每一天的品質

除了暗示和嘉許，我們還可以學會主動提升每一天的品質。哈佛大學組織行為學博士泰勒・班–沙哈爾（Tal Ben-Shahar）曾經問過普通人和卓越的領導者一個同樣的問題：<u>什麼事情能讓你進入巔峰狀態？</u>

普通人的答案可能是，當自己在工作中獲得成功的時候。比如，升職加薪時、完成了一項非常艱鉅的任務時、妥善處理了客戶的故意刁難時，等等。

讓人意外的是，有些卓越的領導者是這樣回答的：「早上出門的時候，看見路旁的樹發芽了，感覺真好。」或者是這樣的答案：「來到公司看到大家熱情洋溢的笑臉，這種感覺很美妙。」

有時，生活中的一些小點滴就能使人感動，讓人品味到幸福，甚至幫助我們達到巔峰狀態。就如同《湖濱散記》的作者亨利・大衛・梭羅（Henry David Thoreau）所說：「<u>去影響每一個日子的品質，那就是最高的藝術</u>。」

期待你與我一起，借由這本書，開啟屬於你的24小時，開啟一段品質之旅。

喚醒時刻

你還可以嘗試哪些方式,幫助自己養成早起的習慣?

_____

_____

_____

_____

_____

你打算在這美好的一天開啟時,送給自己一句怎樣的暗示和嘉許呢?

_____

_____

_____

_____

_____

本章要點

- 早上的時間是規劃時間。
- 變革公式被稱為組織發展的里程碑，也可以被稱為個人發展的里程碑。變革公式為：對現狀的不滿 × 未來願景 × 第一步行動 ＞ 變革阻力。需要特別注意的是，當公式左側三個要素中的任意一個為零時，變革阻力就會佔上風。
- 找到不滿背後的真相，用SMART原則明晰願景，邁出小到不可能失敗的第一步，以此降低變革阻力帶來的影響，促使改變真正發生。
- 一切阻力的超級變數是行動。
- 「個人規劃四象限」告訴我們，我們需要基於任務、價值、當下、未來這四個維度，思考為什麼工作以及如何工作，從而觸達最好的職場與人生狀態——既著眼於未來、關注價值，又專注於當下、完成任務。
- 給自己一個能量啟動鍵，讓當下的24小時成為最值得紀念的、最重要的一天。

上午篇

第二章　專注的上午

獨立的工作上午進行，協作的任務下午討論。

積極面對那些棘手、麻煩的難題吧，因為其中蘊含人生最重大的機遇。

──拉爾夫・馬斯頓（Ralph Marston）

第一節

新起點效應

> 時機不是最重要的,時機是唯一重要的。
>
> ——邁爾斯・戴維斯(Miles Davis)

4類新起點,保持動能源

你有沒有遇到過這種情況:明明一大早有很多事情要做,卻總是想著「再等一會兒,還有一整天呢」。腦袋裡一遍又一遍播放的這些「等會兒再說」「現在不急」成了最大的謊言,最終一件又一件等著被完成的事,又悉數躺進了冗長的待辦清單裡,讓人望而卻步。

但是,人們也會有一些特殊的時刻動力十足。比如,新年的第一天、一個月的開始、每週的開始或者是生日、紀念日當天等。這些日子像「時間地標」那樣,給我們帶來了與眾不同的出發式體驗,幫助我們從日復一日的「嚼蠟」狀態中脫身,給我們注入新的活力,這就是「新起點效應」(Fresh Start Effect)[6]。

其實,除了這些獨具意義的日子,在我們一天的24小時中,也有許多類似的「新起點」時刻,這就像每個人都會在一天中呈現不同的精力狀

態，而精力週期又會有波峰與波谷一樣。我們的目的就是充分利用精力最好的波峰時段，這不但有助於重塑活力，還能幫助我們大大提高時間利用效率。

設計新起點就是在設計自己的精力波峰，你可以參考下面4種方式找到它們，並將其記錄在你的「24小時時間導航」中。

首先，我們可以按照自己的精力週期設計新起點。

1. 高精力新起點

經過近8年對自己時間效率的統計和分析，我發現，我的高精力週期主要集中在4個時間段，分別是5:30~8:30、10:30~12:00、15:30~17:30以及21:00~22:30。

那麼，我選定的新起點則分別是5:30、10:30、15:30和21:00。

高精力新起點

---

⑥「新起點效應」是賓夕法尼亞大學華頓商學院的三位學者——運營和信息學管理博士研究生戴恒琛（Hengchen Dai，音譯）、運營和信息學管理教授凱瑟琳・米爾科曼（Katherine Milkman）以及訪問教授傑森・里斯（Jason Riis）共同研究發現的。

你完全可以根據自己的情況，記錄精力最佳的時間段，並<mark>把這個時間段的開始時間點作為新起點</mark>。這樣做不但可以幫助我們在這個時間點給自己強大的心理暗示，還能幫助我們保持良好的狀態，迅速切換至專注模式。

2. 小憩後的新起點

在時間管理和精力管理中，還有一項重要的技能是學會休息。正如我之前提到的，一個30秒的深呼吸或是5~10分鐘、15~30分鐘的小憩，就能幫助我們瞬間恢復活力。

需要注意的是，<mark>這個階段的新起點是休息後的時間點，而非休息前的</mark>。身體得到休息之後狀態會更好，也更容易重新進入衝刺狀態。

比如，我通常會在12:00~12:30午睡一會兒，12:30~13:00再吃午飯，如果時間允許，我會在13:00~13:30出門散步。稍做調整後，14:00可能是我下午的第一個新起點。

小憩後的新起點

其次，我們還可以自己創造新起點。

3. 切換狀態的前後

比如，你可以選擇在接杯水、上趟洗手間、簡單拉伸運動後、會議結束時或是散步歸來之後，進入新起點狀態。這相當於幫助自己從一個狀態切換到另一個狀態，同時進行了簡單的休整。

4. 開始或完成某項任務的前後

不知道你有沒有發現，人們在完成一項任務時，通常有兩個時間點動力最足：第一個時間點是剛剛開始的時候，第二個時間點是馬上到截止時限、衝刺的時候。所以，你也可以按照這個規律設計你的新起點。

開始或完成某項任務的前後

當然，當你按照這些方法設計新起點時，你可能發現其中某些時間點有所重合。沒關係，你只需要把重合的時間點標注一次就可以了。接下來的任務就是利用好它們，只有這樣，這些時間點才能真正成為幫助你重新出發的關鍵轉捩點。

設計新起點還是一種自我管理策略，這個策略讓我們在面對棘手的任務時，提醒自己：「**現在就是新起點，狀態最佳，行動力最強，請立即行動！**」

給自己一個儀式，開啟一個新篇章，相信我，你的專注力和潛力也會隨之被啟動。

喚醒時刻

你為自己設計的新起點是：

_____

_____

設計好新起點後，請將其標注在你的「24小時時間導航」中（見圖2-1）。這樣，你就可以利用這些新起點，優先安排那些需要高度專注且更具挑戰性的高難度工作了。

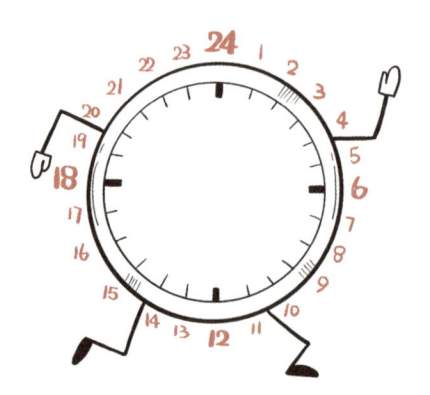

▲ 圖2-1　24小時時間導航之「每日新起點」

3個小技巧，讓你在黃金時間創造價值

找到新起點後，我們再來看一看，如何利用好早上的黃金時間？

日本精神科醫生、暢銷書作家樺澤紫苑曾提出這樣一個觀點：「早上起床後的2~3小時，是大腦的黃金時間。」他還進一步指出，智能眼鏡品牌「JINS MEME」對其5000名配戴者進行了追蹤調研，資料顯示，人在一天中專注力最強的時間段是6:00~7:00。樺澤紫苑認為，這組資料有力地證明了他提出的「大腦黃金時間」的觀點（見圖2-2）。

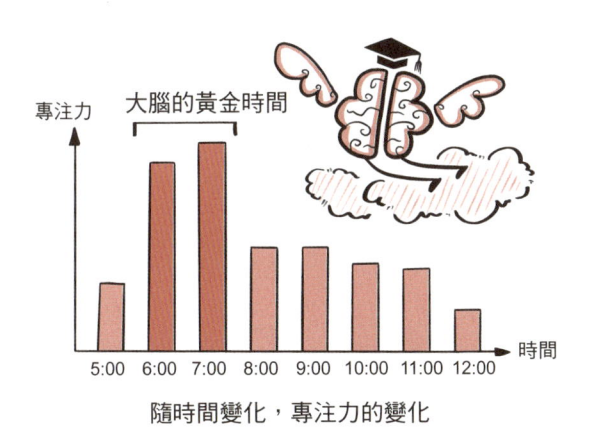

▲ 圖2-2　5000名「JINS MEME」眼鏡配戴者的專注力變化情況

結合現狀來看，目前國內大部分企業的上班時間普遍為8:00~10:00，很多職場人7:00起床，洗臉、刷牙、吃早飯花掉1小時，通勤又花掉1~2小時，這樣，真正可以利用的大腦黃金時間便所剩無幾了。

那麼，我們應該如何充分利用大腦的黃金時間呢？我在這裡整理了三條小技巧送給你。

1. 充分利用大腦黃金時間，獲得時間

經過第一章的拆解，大家不難發現，早起雖然有助於我們「獲取時間」，但不一定能幫助我們「獲得時間」。「獲取時間」只是簡單地擁有了時間，「獲得時間」才意味著我們能夠有效地利用已擁有的時間，並讓自己在這段時間內發揮最大效能和價值。

現在，我已經是一名「自然生物鐘」早起者，無須借助鬧鐘或其他干預方式就可以輕鬆早起。在早起後3小時的大腦黃金時間段，我給自己安排的占比最高的事項莫過於閱讀和寫作這類學習任務。我傾向於先把這些需要充分調用大腦資源的事項排在大腦黃金時間段完成。

如果你也有需要高度專注且費腦思考的事情，不妨嘗試稍早起床，利用你的大腦黃金時間段完成它們。

2. 利用通勤時間，做好自我投資

在時間維度上，還存在一種狀態，那就是身體受控，大腦卻不受控的狀態。這樣的情景非常常見。比如，你要去上班，那麼你的身體就不得不被「限制」在公車、計程車、地鐵等交通工具上，但你的大腦不會受當下物理環境的限制，它可以聽從你的差遣、被自由支配。

現代職場人在通勤上花費的時間越來越多，還有不少人戲稱自己是「超級通勤族」（每天通勤時間3~4小時）。甚至最近幾年，矽谷還出現了「極限通勤族」（每天通勤時間超過6小時）。對職場人而言，通勤時間絕對是最值得好好利用的「自我投資時間」。

在北京、上海、廣州、深圳這些一線城市的各種公共交通工具上，你會看到，大部分人已經開始選擇在這段時間看書、學習、聽課等，不斷提升自我。我有不少朋友正是利用通勤時間學習，他們要麼是拿下了資格認

證，要麼是雅思考出了好成績。所以，建議你也快快行動起來，利用這段時間進行自我投資。

如果你像我一樣很早起床，那麼花15~30分鐘在上班途中小憩，也是一個不錯的選擇。抓緊時間休息一下，幫助自己保持良好的精力，迅速恢復狀態。

或者，你一直有未完成的運動計畫卻總是沒有時間去健身房，就可以在通勤時間鍛鍊。比如，讓自己站立時更挺拔、不坐扶梯、儘量步行，等等。

當然，你還可以利用通勤時間處理好友、客戶的消息，或者做一些聯絡工作、列出當天的工作計畫，等等。

總之，你要做的就是充分利用通勤時間，投資它們為你增值。

3. 預留獨立工作時間，和自己「開會」

我在跟隨導師查理・佩勒林博士（Charles Pellerin，PhD）[7]學習的時候，他分享過一個時間管理的重要技巧：**每天預留2小時，和自己開會。**

> 查理博士曾在美國國家航空暨太空總署（NASA）工作，任天文物理學部門主任。NASA的工作節奏非常快，每個人都在馬不停蹄地忙碌，而且大量的時間被需要協同的人佔用。在這種情況下，

---

[7] 查理・佩勒林，天文物理學博士、NASA天文物理學部門前主任、中國航太工程諮詢中心客座教授，曾任NASA戈達德太空飛行中心（Goddard Space Flight Center）首席調查師，策劃了「大太空觀測站」（Great Observatories）計畫，推動建造四大太空觀測站，同時負責哈伯太空望遠鏡等十多項科學衛星的發射計畫。在發現哈伯瑕疵鏡片後，他成功推動太空維修任務，並因此獲得NASA二等傑出領導獎章。他之後研發了4-D系統，該系統也成為對科學技術團隊和領導力建設最有效的學習系統之一。

想要擁有屬於自己的時間和空間實屬不易。即便如此，查理博士依然堅持告訴秘書：每天給自己留出 2 小時「開會」。

在這 2 小時裡，他誰也不見，也不安排任何多人會議，而是把自己關在辦公室裡，獨自處理工作。為了避免不必要的麻煩，他告訴秘書，一旦有人來找他，就回覆說，「查理正在開會。」

「實際上，我確實在開會，只不過我是在和自己開會。」他笑著說。

的確，我們都需要這種「和自己開會」的魄力，把掌控時間的主動權贏回來。當然，這樣做的目的只有一個——<u>為自己設計一個不被打擾的時間段</u>。我建議你儘量把這個時間段預留在大腦黃金時間的 2~3 小時內，或者你最高效、精力最佳的 1~2 小時裡。

此外，你是否真正擁有了「和自己開會」的時間，取決於能否<u>給自己創造一個不被打擾的空間</u>。這個空間可以是豎起「請勿打擾」提示牌的房間，也可以是一間小小的公共會議室，還可以是茶水間、訪客區的餐台、吧椅，等等。當然，如果你實在找不到符合要求的「小角落」，那麼你可以自己創造一個空間，我曾經就在辦公室裡觀察過不少同事，那些追求效率、專注做事的人，通常都是默默地抱著自己的筆電、旁若無人地工作的人。

當你主動自我沉浸，不再受外界干擾時，你就擁有了自己說了算的空間，獲得了屬於自己的時間。

重要的是，別忘了充分利用好它們。

獨立的工作上午進行，協作的任務下午討論

如果你想去醫院，最好上午去；如果你想和老闆談加薪，最好上午談；如果你想讓自己的建議被採納，最好上午溝通……

這些建議你應該看到過不止一次，為什麼會出現這種情況呢？

美國杜克大學醫學中心在研究了9萬份發生麻醉不良事件的手術資料後，得出的資料顯示，手術失誤率在8:00為0.3%，9:00為1%，在15:00~16:00上升到4.2%。康乃爾大學的研究人員在分析了來自80多個國家200多萬人的5億條推文後發現：「不論地域、宗教、種族，人們的正向情緒都在上午增長，下午大幅跌落，晚上又回升。」

人們在不同時間段的狀態也不同。

早晨到中午的這段時間，人們會越來越專注。在中午達到高峰後，專注力就會逐步下降，精神也會逐漸萎靡，直到傍晚時狀態才慢慢恢復。隨著能量和精神狀態的起伏變化，人們的情緒和決策品質也會有所不同。這就是為什麼著名商業思想家丹尼爾・平克（Daniel H. Pink）建議人們，「想花最少的力氣達到最大效果，就要學會選對時機。」

人類大腦中有一個叫「丘腦網狀核」（TRN）的組織，它就像一個注意力開關，一旦被打斷，少則幾分鐘，多則47分鐘才能接回。所以，我們每一次任務切換都有可見的時間成本，而那些比較困難的任務，通常需要人們持續專注50分鐘甚至更長的時間才能完成。

很多人雖然在工作中付出很多，但始終缺乏成就感，這是因為他們的時間被切成了大量的片段，注意力也不得不持續地從一項任務切換到另一項任務。

所以，建議你在上午保持專注，同時，還要學會拒絕外部干擾，並向

外發出信號：獨立的工作上午進行，協作的任務下午討論。

獨立的工作在上午進行　　協作的任務在下午討論

當然，獨立工作和協作工作的界限常常並不清晰，但劃分界限的原則其實非常簡單，就是問問自己：要交付的是成品還是半成品？成品代表著直接交付，無須經過其他環節；半成品意味著還需要別人再加工，再生產。

以提交一份年度總結報告為例。

如果這份報告是你自己的年度總結報告，那麼它看起來就是一件成品，因為報告需要闡述的是你自己的工作業績、內容、結果等，無須其他人的支持就可以完成。

如果你是一位部門助理，要為整個部門撰寫年度總結報告，那麼你的年度報告很可能是半成品。

可能有人會好奇地問：為什麼呢？

因為你可能需要收集大量的資料、素材以及歷年的趨勢分析，甚至要頻繁地與部門內外的成員溝通、對接，才能獲得真實完整的內容，從而完成這份報告。

當然，這裡還會出現第三種情況，比如你已經在此前的3週進行了大量的協作溝通，而今天的任務只是將以往的所有內容整理彙集，那麼，這項任務需要提交的可能就是成品，而你將回歸獨立的工作。

所以，我們需要學會清晰界定自己的工作任務，以便安排相應的時間配比，制訂高精力的專注週期計畫，高品質地輸出成果。

喚醒時刻

梳理一下你的任務安排，嘗試以獨立、協作為標準對其分類。

思考： 有哪些任務看起來屬於協作工作，但必須自己獨立完成？又有哪些任務看起來可以獨立完成，實際卻需要很多人協作才能夠實現？

獨立任務清單	協作任務清單
•	•
•	•
•	•

第二節

寫下來，意味著開始跑起來

大腦最擅長視覺化，你必須先讓計畫被看見

在觀眾眼中，益智類真人秀《最強大腦》中的重量級嘉賓王峰就是個天才，很多人認為只有天賦異稟的人才能成為這樣的「世界記憶大師」。其實不然，而且王峰也並非天生如此。

王峰的家境非常普通，他小時候，父母一直在外地打工，他由奶奶一手帶大。在大學二年級之前，他還只是一個普通的大學生，甚至受到記憶力問題的困擾。不同的是，他僅用了半年時間，就實現了從普通人到世界記憶冠軍的轉變，甚至在國際賽場上以一敵二迎戰德國隊。在接受採訪時，王峰特別提到了與德國記憶大師比拼記憶骰子的細節。

他的記憶方法是，將骰子轉化成數字，再對應相應的形象，最後轉化成故事。比如，1534，15對應的是鸚鵡，34對應的是沙子，而他對應存儲這組資訊的地方是「沙發」，那麼他腦子裡想到的就是：沙發上有堆沙子，一隻鸚鵡飛來停在沙子上，撲騰翅膀，把沙子弄得到處都是。提取1534這組資訊時，想起這組形象、場景和故事即可。

你會發現，在整個記憶過程中，他使用了編碼記憶、聯想記憶、圖像記憶等方法，通過給數字編碼，發揮想像力，啟用與意象相關聯的畫面，從而「打樁」[8]，形成記憶宮殿，幫助自己提取記憶。當然，我們今天討論的並不是如何記憶，也不是要把所有人培養成世界記憶大師，我只是想告訴你——**大腦最擅長視覺化**。

就如同王峰把這些數字轉化成故事畫面一樣，新精英生涯的創始人古典老師，也曾在他的「超級個體」系列課中提到：「據神經科學研究發現，大腦中有70%的神經都與視覺有關，即大腦活動總量的2/3都用於支援視覺功能。」因此，曾有人說，我們擁有一個視覺大腦。

想要瞭解視覺大腦，就必須先瞭解大腦運作的基本原理。

早在1950年，美國神經生理學家保羅・麥克萊恩（Paul D. MacLean）博士在其著作《進化中的三層大腦》（*The Triune Brain in Evolution*）中提出了著名的「三腦理論」。他指出，人類有3層大腦，它們功能各異，一層包裹一層，人類正是在這3層大腦上構建思維系統的。這3層大腦分別是爬蟲類腦（腦幹）、哺乳類腦（邊緣系統）和人類腦（大腦皮層）。如圖2-3所示，由於大腦結構非常複雜，在這裡我們只用儘量簡潔的語言介紹它們。

爬蟲類腦主要負責維持生命大部分的基本功能，它能迅速反應以保證自身安全。比如，我們感覺到餓了，就會找食物吃；感覺到睏倦，就想去休息；遇到危險時，要麼奮力戰鬥，要麼乾脆僵住，要麼迅速逃跑。

---

[8] 這裡指「打樁記憶法」，就是把要記憶的東西和熟悉的事物聯繫起來記憶的方法。在回憶要記憶的事物時，我們可以通過先回憶熟悉的事物，然後通過預先設定的聯繫回憶起需要記憶的事物，這些熟悉的事物就像樁子一樣，把需要記憶的東西牢牢釘住，所以被稱為打樁記憶法。

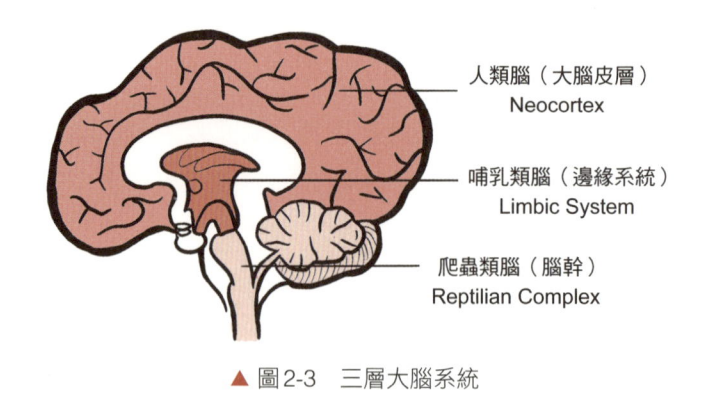

人類腦（大腦皮層）
Neocortex

哺乳類腦（邊緣系統）
Limbic System

爬蟲類腦（腦幹）
Reptilian Complex

▲ 圖2-3　三層大腦系統

哺乳類腦主要包括杏仁核和海馬體，主管我們的情緒和感覺功能，是我們的情感中心。各種信號從這裡出發，前往大腦的其他部位。這也是愛、憤怒、害怕等不同情緒會觸發人類不同行為的原因。

而大腦皮層是人類特有的高級系統，也被稱為視覺腦，掌管著大腦絕大部分的智力，擁有16萬億相關聯的神經元，佔據了腦容量的2/3。正是由於大腦皮層的前額葉尺寸大，結構複雜，非常擅長未來規劃，它賦予了人類一項特別的能力——在參與某項具體活動前，先在頭腦中形成想像中的畫面，進行排練。

就像馬雲曾說的「先相信，再看見」一樣，其實，所有的事都是先發生在大腦裡，再發生在現實中。

所以，想要實現計畫，你必須先讓計畫被看見。

黃金「三分法」，助你列計畫，促行動

我猜，在你的日常工作和生活中，至少有60%沒做的事情，不是因為你做不到或故意不做，而是因為沒看見、忘記了。

比如，你收到好友發來的資訊，卻忘了回覆；同事給你發了電子郵件，但那封已讀未回的郵件就躺在你的收件箱裡，被你無視；別人約你吃飯，你卻忙到用餐時間才想起來，然後匆忙趕過去⋯⋯類似的事情一多，不但會影響人際關係，嚴重時還可能給你貼上不可靠的標籤，所以，想要變得讓人更值得信任，經常忘記絕對應該避免。

雖然「蔡格尼克記憶效應」（Zeigarnik Effect）[9]會讓我們對未完成的事情印象深刻，但事情堆積多了難免疏漏。所以，應對遺忘的<u>一個重要技巧就是：把待辦事項寫下來，讓自己看見</u>。

「寫下來」不僅僅是使用手機App記錄，畢竟，我們的自制力再強，手機裡無處不在的資訊干擾源有可能隨時吸引我們的注意力，而手寫這種方式雖然非常原始，但可以充分刺激大腦，啟動我們的創造力。

英國普利茅斯大學的心理學家傑姬・安德雷德（Jackie Andrade）曾在一項實驗中發現，在筆記本上隨意塗鴉能讓人的記憶力提高29%。塗鴉會刺激大腦皮層，使大腦處於活躍度較高的水平，更容易接受和理解資訊。除此之外，寫下來的事情還會自動轉化到潛意識中，相當於觸發了身體記憶，打開了大腦的深層開關，在整理思路的同時，大大增加了完成這些事項的可能性。

可能很多人會說：「把待辦事項寫下來，我每天都在這樣做。」但你有沒有想過使用世界頂級精英親身實踐的「黃金三分法」，將你的待辦計畫提升一個檔次，真正觸發行動去完成計畫中的事項呢？

---

[9] 蔡格尼克記憶效應（Zeigarnik Effect），又稱蔡加尼克效應、契可尼效應，是指人們天生有一種辦事有始有終的驅動力，人們之所以會忘記已完成的工作，是因為欲完成的動機已經得到滿足；如果工作尚未完成，這一動機便會使他對此留下深刻印象。

【黃金三分法之一】埃森哲公司的「Point Sheet」

作為全球最大的管理諮詢公司之一，埃森哲使用的是一種名為「Point Sheet」的黃金三分法表格（見圖2-4）。表格由上方的「題目」、左側的「重點」、右側的「行動」三部分組成。

左側的部分用來記錄重點，右側的部分用來記錄基於重點應採取的行動。這樣，我們可以按照「重點→行動」的順序由左到右將事項逐一細化、整理並一一對應。

以往，我們只列出計畫，卻沒有分解行動細則，現在，我們可以將重點事項對應的行動步驟也一一梳理清楚，這樣既能一目了然，也能幫助我們馬上開始行動。

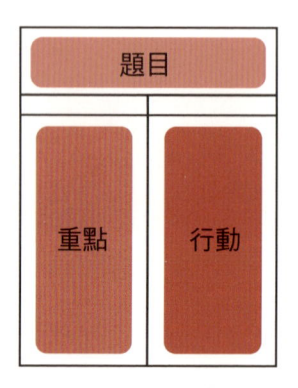

▲ 圖2-4 埃森哲公司的「Point Sheet」

【黃金三分法之二】麥肯錫公司的「空・雨・傘」

《從麥肯錫到企業家》一書的作者田中裕輔曾說：「在麥肯錫，所有思考都需嚴格按照『空・雨・傘』三步執行。」麥肯錫公司的「空・雨・傘」同樣也是黃金三分法，如圖2-5所示。

▲ 圖2-5　麥肯錫公司的「空・雨・傘」

空，是指認清現實，對應的是現在的情況；

雨，是指對這種情況的解釋；

傘，對應的則是依據解釋將採取的行動。

比如，當你抬頭看天，發現天色昏暗、烏雲密佈（現在的情況），你判斷說「好像要下雨了」（對情況的解釋），所以，你決定帶傘出門（依據解釋將採取的行動）。

這種方法看似簡單，但要做到始終堅持如此思考，卻需要刻意訓練，而麥肯錫的諮詢顧問正是運用這種簡單至極的思考方法，逐步落實了每一項行動。

【黃金三分法之三】24小時時間導航

「24小時時間導航」同樣運用了黃金三分法，它包含3個不同的區域：計畫區、靈感區和複盤區，如圖2-6所示。

首先是計畫區，即「每日清單」，主要用來梳理當天的待辦事項以及

細化的行動細則。

其次是靈感區，即「靈感加速器」，記錄每天的閃光一刻（靈感和想法）。這個部分常常被大部分人忽略，但它極為重要。記錄規則非常簡單，本節會具體說明。

最後是複盤區，它同樣是極其重要的部分，包括「每日成就時刻」「每日新起點」與「每日複盤」。

- 每日成就時刻，用來複盤、錨定當天的小成就，幫助自己每天進步一點點。

這個部分類似於麥肯錫公司「空・雨・傘」中的「傘」，是複盤一天的情況後提煉出來的一項重要小成就，當然，它也可以是你在一天開始之前就決定要完成的重要事項。

- 每日新起點，用來複盤、錨定當天的高精力週期（高精力時間點與時間段）。

我們已經在本章第一節中詳細梳理過這個部分，你還可以通過每天記錄、修正，逐步明確專屬於你的高精力週期，有效利用精力最佳的時間段。

- 每日複盤，你可以運用「WWW EBI」專業教練方法，複盤當天的收穫與成長。

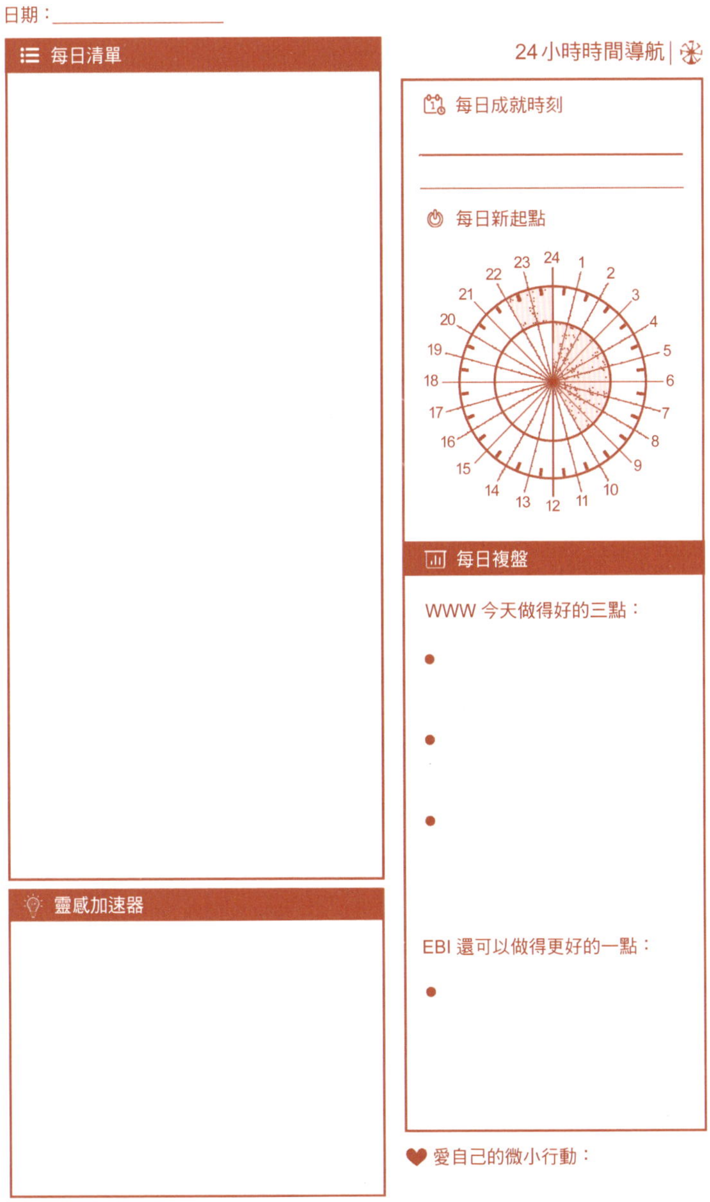

上午篇
第二章　專注的上午

日期：_____

≡ 每日清單

24小時時間導航 | ✤

📅 每日成就時刻
_____
_____

🔥 每日新起點

（24小時時鐘圖）

📊 每日複盤

WWW 今天做得好的三點：
-
-
-

EBI 還可以做得更好的一點：
-

💡 靈感加速器

♥ 愛自己的微小行動：

▲ 圖2-6　24小時時間導航

071

「WWW」代表每天做得好的三點,「EBI」代表還可以做得更好的一點。「WWW EBI」的具體應用方法將在第四章第一節中介紹。

　　列好計畫並不難,難的是運用「黃金三分法」把複雜的內容從大腦中移除,確保大腦在保持良性運轉狀態的同時,還能防止自己被那些突發、新增的資訊分散注意力。這樣,你就可以回過頭來,從觀察者的角度詳細分析你列出的待辦清單,清晰地梳理每日規劃,同時完成它們,讓自己的每日精進視覺化。

　　當然,如果有臨時安排闖進來,別忘了及時記錄下來。**隨時把大腦清空,千萬別負重運轉。**

🕊 喚醒時刻

　　請把一天的待辦事項和計畫安排從大腦中取出來,放進你的「每日清單」中吧。

奇妙的靈感,來自腦袋和筆尖

　　正如我們此前提到的,你在紙上寫的時候,同時也是在思考、想像和運動。因為,除了那一刻正在寫的內容,你無法同時思考和關注其他事情,不得不將精力聚焦在一個點上,是大腦和手指之間發生的最奇妙的事情,這也有助於你培養和訓練專注力。

　　當你拿起筆時,好的創意、靈感也會被激發,你要做的就是把這些冒出來的想法記錄下來,放入圖2-6左下角的「靈感加速器」中,它們可能就是你當下乃至未來的成長引擎。正如最具傳奇色彩的億萬富翁理查・布蘭森(Richard Branson)[10]所說,如果你有一個想法但是沒有馬上寫下來,那麼這個想法也許就永遠消失了。

暢銷書作家張萌也曾在分享中不止一次提到,「讓每個人都可以不去咖啡店就能喝上咖啡」,這只是她突如其來的一個靈感。有了這個靈感並將其記錄下來之後,她才擁有了現在的「極北咖啡」。

當然,考慮到攜帶紙、筆的不便,加之如果你恰好也是一個隨時隨地都可能靈感迸發的人,那麼你完全可以利用手機上的各類App即時記錄靈感。

1. 謹防靈感殺手,拆掉枷鎖

當你產生新想法、新靈感時,你還要留心以下反應。

- 不實用;
- 永遠不會起作用;
- 花費太多;
- 這個想法和目前做的事情沒有關聯性;
- 我還沒有想好、想透;
- 想法很好,但我沒有這個精力;
- 他們試過,但沒用;
- 我的老闆不會同意;
- 這不是我們的行事風格;
- 我們沒有人力、資金、時間、專家、空間、系統;
- ……

---

⑩ 理查・布蘭森(Richard Branson),維珍(Virgin)品牌創始人、跨國娛樂投資集團——啪啪國際有限公司聯合創始人,是全世界最引人注目的「嬉皮資本家」,在2019年富比士全球億萬富豪榜排名第478位。

這些反應被我稱為「靈感殺手」，靈感一旦被扼殺，就沒有機會變成現實。事實上，這些「殺手」的出現並不可怕，它們稀鬆平常。

重要的是，你依然要堅持讓靈感躍然「紙」上，並堅持這樣做。

2. 用視覺和邏輯啟動大腦

圖像、色彩等也是啟動大腦、讓大腦發揮更大潛力的重要方式，這也是優秀的職場人應該學會使用 PowerPoint、Excel 等軟體展示圖表、資料以及畫面的原因。

我自己最喜歡拿起筆畫視覺筆記、思維導圖，我常用它們梳理計畫、進行記錄。正如本書中的很多插圖，也在通過視覺呈現的形式幫助我們更好地開發大腦，啟動大腦。

那麼，我們應該如何運用視覺方式啟動大腦呢？

《餐巾紙的背面》一書的作者、「餐巾紙溝通力之父」丹・羅姆（Dan Roam）就是一個運用視覺和邏輯解決問題的高手。他認為，幾乎每個人都可以畫上幾筆，並且幾乎每個問題都可以被歸結為以下6個要素（4W2H）並加以解決，如圖2-7所示。

- 誰／什麼（Who）：人、角色；
- 有多少（How many）：數量、頻率、增長；
- 在哪裡（Where）：方向、趨勢、站位、歸屬；
- 什麼時候（When）：計畫、順序、進度；
- 如何做（How）：方法論、要素、流程；
- 為什麼（Why）：關於整個系統的展示。

4W2H

- 關於整個系統的展示 — ⑥ 為什麼（Why）
- ① 誰／什麼（Who） — 人、角色
- ② 有多少（How many） — 數量、頻率、增長
- ③ 在哪裡（Where） — 方向、趨勢、站位、歸屬
- ④ 什麼時候（When） — 計畫、順序、進度
- ⑤ 如何做（How） — 方法論、要素、流程

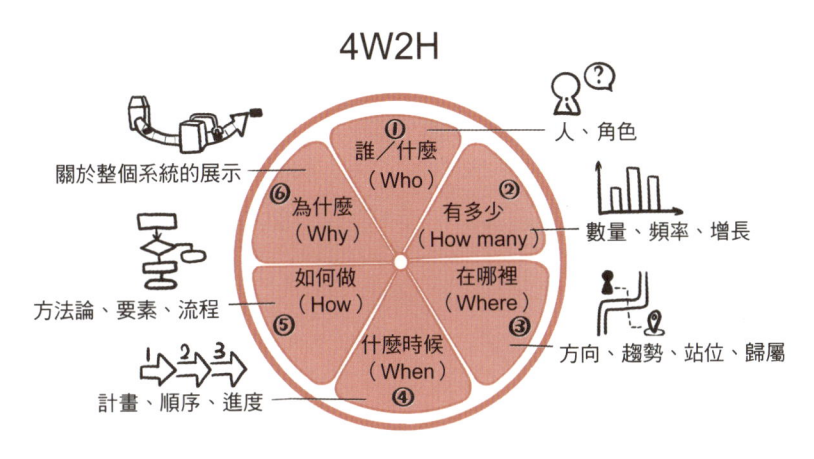

▲ 圖2-7 視覺六要素（4W2H）

你完全可以從圖2-7中的「六要素」出發，嘗試運用畫面、邏輯呈現並解決它們。正如丹・羅姆建議的那樣，當我們可以從「六要素」出發觀察或解決問題時，實際上就自然地利用了我們的雙眼和思維來看整個世界；當我們把某一問題看成這6個既相互獨立又相互聯繫的要素時，也就找到了解決問題的路徑。

當然，並不是每個問題都要把這6個要素逐一完整地呈現。你完全可以從問題中找出幾個必要的維度，有邏輯、形象化地把它們展示出來。

喚醒時刻

你會嘗試使用哪些方式啟動你的視覺腦？不妨寫下來，讓它們被看見。

_____

_____

_____

第三節

主動出擊，不要被動應對

人人都有能力，唯一不同的是我們怎樣去使用它。

——史蒂夫・汪達（Stevie Wonder）

我的導師查理・佩勒林博士曾在課堂上帶大家玩過這樣一個小遊戲，這個小遊戲讓我至今印象深刻。

那是在一次課程現場，他毫無徵兆地從上衣口袋裡掏出一張100元紙幣，走到我們中間，順手把那張紙幣放在了面前的桌子上，轉頭問大家：「誰為這100元負責？」

現場一共有300多位夥伴，大家饒有興趣地看著他，卻鴉雀無聲。接著，他又問：「誰為這100元負責？」

還是沒有人回應，不過，這次已經有人在座位上發出了窸窸窣窣的聲響。

等他最後一次說出「誰為這100元負責」的時候，十幾個人突然起身，往桌子的方向衝去。最終，兩位夥伴衝上去「爭搶」了一

番，一個女孩勝出。

只見，查理博士認真地看著她說：「這100元歸你了。」

現在想想，這個遊戲竟然是一場猝不及防的測試。

修煉「Z計畫」，為自己的每個100元負責

其實，現實中的很多事情就像那張100元的紙幣一樣，招呼都不打就飄到了我們的面前？雖然我們並不能準確預測這100元到底意味著什麼，但我們可以選擇用什麼樣的方式去迎接它。也就是說，不管它是機會還是挑戰，至少，你得先主動走過去，才有可能爭取到它。

正如很多人說，一個人願不願意為工作負責，關鍵要看他喜不喜歡自己的工作。但我想告訴你一個事實：在工作中，只要有20%的時間在做喜歡的事情，人就能更投入，也更願意負責。相反，對工作的喜歡程度低於20%的時候，逃避感才會逐漸上升。

所以，你看到了嗎？你遠比自己想像的要喜歡那些你原本認為自己不喜歡的工作（這句話雖然有些拗口，卻真實存在）。那麼，我們應該如何將「不喜歡」轉化為「喜歡」，迎接那些猝不及防的「100元機遇」呢？我給你的建議是——修煉「Z計畫」，如圖2-8所示。

修煉「Z計畫」可以遵循下面三步。

第一步，在「－」欄，列出你不喜歡做的事情；在「＋」欄，列出你喜歡做的事情。

第二步，在「＋－」欄，開始嘗試把喜歡做的事情和不喜歡做的事情進行組合，一起完成。

比如，你不喜歡寫報告，但你喜歡和他人面對面交流。那麼，你就看看能不能增加和他人面對面交流的機會，然後把交流心得寫成報告，呈現並回饋給需要的人，這樣既完成了任務，又運用了自己喜歡的方式。

在「＋－」組合的過程中，你會慢慢產生興趣並樹立信心，變得不再抵觸那些看起來不喜歡的事情，進而不斷取得成果。

第三步，在「＋＋」欄，通過調整，一些你不喜歡的事情慢慢變成了喜歡的事情，或者即使某件事情你仍舊不喜歡，卻可以通過不斷取得成果，將其轉變為對自己有正向激勵的事情。只要是具備正向激勵的事項，都可以歸入這一欄，這也是「＋＋」的體現。

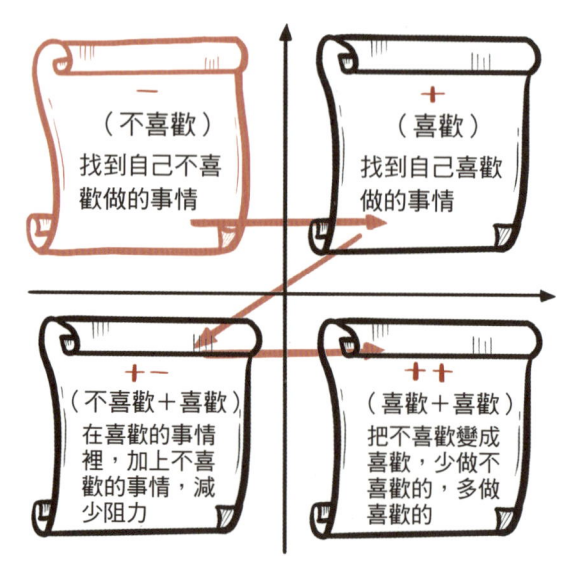

▲ 圖2-8　修煉「Z計畫」

比如，你喜歡與別人面對面交流，也喜歡做視覺筆記，但仍舊不喜歡寫報告，那麼，你就可以找到那些能夠為你的報告提供建設性思路的聊天對象，並且把你們交流的內容整理出來，用視覺筆記的方式呈現。這樣的呈現效果既可以得到大家的認可和喜歡，你也會更願意去做。同時，你還能夠享受到這種方式帶給你的成就感。

不斷訓練後，你會驚喜地發現，當你把那些不喜歡做的事情放在喜歡做的事情裡完成的時候，你將不再抗拒它們。

通過慢慢積累的小成就，你會越發自信，並真正喜歡上那些曾經極為抗拒的難題。畢竟，**人在一件事情上收穫越多，就越願意投入，而人在一件事情上投入得越持續，就越有收穫。**

現實中，確實有很多機會是毫無徵兆地出現在我們面前的，即便我們經驗豐富，也不可能立即判斷出它們到底是一塊墊腳石，還是一塊絆腳石。關鍵在於，**我們可以訓練自己點石成金的能力，這也是一種慢慢把自己變得更有價值的能力。**

每個人都有能力的局限，「Z計畫」的目的就是為你創造條件，幫助你持續專注地做那些自己喜歡且擅長的事情，持續獲得想要的結果。

🕊 喚醒時刻

請參照圖2-8，設計屬於你的「Z計畫」清單，並在「＋－」和「＋＋」欄內寫下你的組合計畫。

小提示： 你還可以把這些任務寫在便箋上貼到相應的位置，以便隨意組合和調整。

不知道你有沒有聽過這樣一則古老的故事。

一個人坐在門廊的椅子上唉聲嘆氣。另一個人從他的身邊路過，聽見他的悲嘆，便停下來問：「嘿，出了什麼事？」

「我扎在釘子上了。」那個人答道。「那你為什麼不走開？」

「哦，我傷得還不夠重。」那個人痛苦地呻吟著。

別等著被安排，主動找活幹

再講一個我身邊的人親身經歷的故事。

小R是世界百強名校的畢業生，剛畢業就順利拿到了人人豔羨的入職通知，但沒想到，他找到我時特別苦惱。

原來，在不到半年的時間裡，跟小R同期加入公司的同事不是加薪就是升職，雖然他的業績比別人好，但好事總也輪不到他。

小R確實具備一些獨特的優勢（形象好、名校畢業、英語水準高），平時工作兢兢業業，任勞任怨，能夠按期完成上司安排的任務，工作也沒出現過什麼大的紕漏。但細聊下來我才發現，平時的他從不主動彙報工作。他一直認為，即便自己不說，上司也應該清楚。

找到癥結後，我鼓勵他「找個時間和上司深談一次」。

一個星期後，他告訴我，他最大的問題就是不夠主動。

在溝通中，上司評價他做事認真、踏實肯幹，但極少主動交流。而他的同事之所以能夠得到升職機會，是因為他們總是能讓上司和同事在第一時間瞭解工作進度，還常常主動解決工作中遇到的難題。

小R說：「其實，我沒被提拔也正常。主管和同事們都很忙，有很多事情要處理，需要有人主動承擔責任，解決難題。」

主動讓他人看到你的價值，這些價值才有可能被放大。

需要注意的是，很多人常常錯把價值大小和任務大小畫上等號，這是一個非常危險的信號。價值的大小不取決於任務的大小，甚至不取決於任務的難易程度，它取決於實際的需求。在一家企業服務了10年，不代表你擁有了10年的經驗，也許你只不過是將1年的經驗重複了9次而已。**只有當你創造了高於目前職位的價值，你才有可能獲得晉升。**

以實習生為例。在職場，實習生一定不能等著主管安排任務。如果你實在無事可做，可以通過做一些小事體現自己的價值：幫人訂餐、取餐，列印、複印文件等。

這些小事除了能夠幫助你熟悉環境、維護人際關係、豐富資源，還可以讓你找到那些真正需要做的工作。

可能你在幫同事取餐時，就恰好聽到部門內銷售人員向市場人員「抱怨」說：「客戶想讓我們提供近3年的資料，但信息量太大，根本完成不了。」而你又幹勁十足，那麼，為什麼不在這個時候主動請纓呢？

別把自己釘在門廊的椅子上，別等到痛得不行了才想站起來走開，而是要主動站起來，主動找活幹，主動承擔責任，這才是我們應該反覆增強的意識和能力。

🐦 喚醒時刻

你有沒有想過，除了既定任務，你還應該主動請纓完成哪些事情呢？

_____

_____

_____

_____

_____

運用「DONE-E」法則，做好承諾的事情

一次只做一件事的人，才會領先於這個世界。

——奧格・曼狄諾（Auger Mandinuo）

現在，我們已經列出了需要完成的所有事項，但是**我要告訴你，沒有完美的時間計畫表**。

我們必須事先做計畫安排，但如果把計畫表制訂得過於詳盡，也不是明智之舉。

我見過很多「幾近完美」的計畫表，表單裡密密麻麻地羅列著待辦事項，甚至連休息、上廁所的時間段、時長都被列了出來，給人一種連喘口氣的時間都沒有的感覺。這種計畫表只會讓大多數人感覺壓力倍增，激情全無。

其實，計畫並不一定要制訂得很完美，我們完全可以遵循「DO-

NE-E」法則，毫無壓力地用好我們的24小時，如圖2-9所示。

1. D：行動（Do），即將時間安排固定下來，必須遵守，立即行動

比如，你和別人約好開會、培訓、聽講座或者擔任分享嘉賓等，這些事情往往與他人有關，通常是被提前確定的安排，這類安排一般不會輕易改變。所以，你要做的是，在計畫表內把這些時間預留出來，其他突發情況都要為此類事項讓路。

2. O：唯一（Only），即一次只做一件事

很多人會活在多工的幻覺中，以證明自己具備某種超凡的能力，真實情況常常是把自己搞得疲憊不堪，創意盡失。多工模式不但無法幫助我們有始有終、保質保量地完成任務，而且那些不斷被轉移的注意力，還會導致我們一天下來疲憊不堪，即使可以按期交付結果，品質也有可能大打折扣。長此以往，出錯率也會越來越高。

所以，不要高估自己的意志力，一次做好一件事即可。

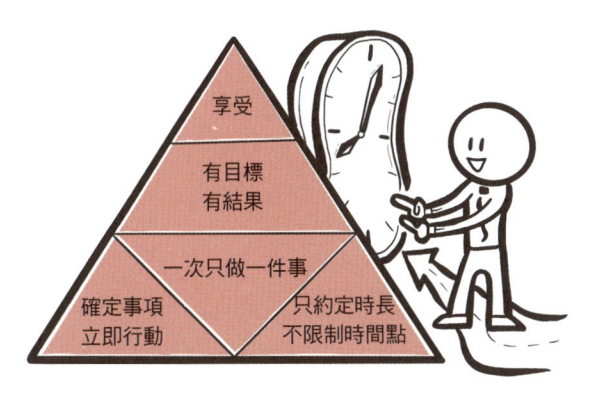

▲ 圖2-9 「DONE-E」法則

3. N：絕不（Never），即只約定時長和結果，不限制具體的時間點

除了必須在固定時間段內完成的事情，大多數事情是必須完成的，但並非要在某個固定的時間段內完成。那麼，這類事情就不用嚴格規定完成時間，靈活安排即可。

你完全可以**採用規定時長、設置任務量的方法來做規劃**。根據自己的狀態，在合適的時段，投入相應的時間，達成想要的結果。比如，健身20分鐘，寫作500字，讀書10頁……這類任務只要能在一天內完成即可，不必限定必須在何時進行。

除此之外，你還可以在身體受限但大腦不受限的時間段內同時完成2~3件事，這在本章第一節提到過。比如，在通勤時間學習、在運動時聽書等。當然，「絕不（N）」和「唯一（O）」並不衝突。需要注意的是，在身體與大腦可以被同時調用的情況下，一個時間段內並行處理的事情也不要超過3件，實際上2件就已經非常不錯了。並行處理的工作一旦多於3件，你的工作節奏可能會被打亂，反而影響效率，也不利於訓練專注力。

4. E：有目標、有結果（End），即確保所有事項有目標，有結果，為你的整個系統服務

現在你要開始檢驗一下所有的時間安排是否都有清晰的目標，是否都有需要達成的結果要求。要儘量確保它們都與你相關，刪除那些不相關的事項。

比如，對一名實習生而言，幫別人訂餐、取餐這些事項可能是與自身相關的，因為可以借此熟悉環境，與同事聯絡感情；而作為一名中層管理者，要做的就不是幫別人訂餐、取餐，而要把時間花

在更重要的事情上。

我們活在當下，但必須對自己的未來負責。所以，建議你好好思考以下問題。

- 你希望在哪些事情上投入時間、花費力氣？
- 哪些事情與你現在以及未來相關，卻在列計畫時被忽略了？
- 哪些事情對現在重要，但對未來不一定有太大意義？

我們可以每天找一項「只要做好就能給其他事情帶來益處」的任務，不需要太多，一項即可。哪怕你今天只專注處理了這一項任務，也比左抓一把，右抓一把，手忙腳亂卻毫無成效好得多。

5. E：享受（Enjoy），即享受屬於你的時間，直面突發情況，適當留白

享受不是吃喝玩樂，無所事事，而是毫無負擔地自願投入其中。

紅杉資本全球執行合夥人沈南鵬在接受知名媒體人秦朔的採訪時，提到自己身上的3個特質對取得今天的成就尤為重要，其中之一就是享受。他說：「無論是最初到華爾街、後來創業做攜程，還是到紅杉做投資，在這個過程中我都很享受，也一直在學習。」

其實，很多商界的知名人士都是「享受」理念的支持者和踐行者。曾任3家創業公司聯合創始人兼CEO、現任谷歌雲計算部門總裁的戴安娜‧格林（Diane Greene）在分享自己的創業經歷時曾說：「創始人就是要享受建設的樂趣，享受創造價值。因為，熱愛所做之事的奉獻精神會為你提供養分，它會令你感到滿足，讓你不再害怕失敗。」

所以，無論如何，尊重並享受你正在做的事，認真對待它們。把每天的24小時當作正式的人生遊戲，你自己就是那個闖關升級的玩家，遊戲的程式（「24小時時間導航」）是你自己編排設計的，你要做的就是盡情地享受與投入。

當然，在闖關升級的過程中，一定還會出現始料未及的情況，畢竟那些臨時任務總是不打招呼就闖了進來。所以，**別忘了給自己保留一些彈性時間**。最簡單的方法就是在制訂計畫時，為自己預留一些時間。

這些預留的時間，相當於全副武裝、隨時待命的士兵，等著你的調遣，以便幫助你從容地應對突發狀況，擁抱變化。

第四節
別讓這些拖了你高效的後腿

我們已經列出清單,並且開始專注地工作。在訓練專注力方面,「番茄工作法」[11]是一個不得不提的工具。它的強大也絕不僅僅是治癒了無數人的深度拖延症那麼簡單。風靡全球的「番茄鐘」在培養專注力、提高專注力方面絕對卓有成效,但是你知道嗎?番茄鐘的使用方式並非只有「工作25分鐘,休息5分鐘」這一種。

要想清楚這一點,我們得先瞭解到底如何使用番茄鐘。番茄鐘的使用方法其實非常簡單,只需以下3步:

- 在你列出的「每日清單」裡,選擇一項需要完成的任務;
- 評估完成這項任務所需的時間,然後設置相應的番茄鐘;
- 確保自己保持專注、不被打斷,直至完成這項任務。

當然,如果這項任務太難,你可以設置多個番茄鐘,並按照「專注→休息→再專注→再休息」這樣的迴圈完成任務。

---

[11]「番茄工作法」是由義大利人法蘭西斯科‧西里洛於1992年創立的一種簡單易行的時間管理方法,起源於一個廚房計時器,因其形狀似番茄而得名。

這看起來非常簡單，但在使用番茄鐘的過程中，往往沒有計畫的這般美好。其實，==番茄鐘的作用有兩個：一是訓練專注；二是訓練停下==。

訓練專注很好理解，就是讓自己在一段時間內只聚焦一件事，保持專注，不被打斷。

而訓練停下說起來就更有意思了。比如，我看到過這樣一則對番茄鐘的評價，評價者調侃道：「真相是，==番茄鐘是用來管理自己的欲望，不是對抗欲望的==。借助番茄鐘集中精神學習25分鐘，還不如拿它管理自己玩遊戲——25分鐘到了就立即停止。」最後，他還不忘補上一句：「這樣，你起碼不會在某天悄悄扔了這個番茄鐘。」

還有一個學員曾和我抱怨說，設置番茄鐘只會讓她更緊張，因為時間流逝帶來的緊迫感不但無法讓她專注，反而會導致她發揮失常。她還開玩笑地說：「如果在使用番茄鐘的過程中被突然接到的越洋電話打擾，難道也要在這個時候告訴對方自己正在『吃番茄』？這顯然不合時宜。」

不可否認的是，在現實中，使用者的需求不同，年齡階段不同，保持專注的時長也是不同的。

比如，0~3歲孩子的專注時間可能只有10分鐘左右，偏偏父母希望孩子集中注意力25分鐘；

同聲傳譯員的高度專注時間達到15分鐘就是極限了，如果持續專注20分鐘以上，注意力反而會分散；

最高效的技術研發人員的平均專注時間可以達到52分鐘，按照番茄鐘25分鐘的標準切斷他們的工作，就如同扼殺他們的靈感……

所以，在運用番茄工作法的過程中，番茄鐘的時長完全可以按照每個人的特性、習慣進行有針對性的調整。千萬不要一味地追求「工作25分鐘，休息5分鐘」的時間定式，否則就曲解了番茄鐘勞逸結合的本意。

那麼，我們究竟應該如何用好番茄鐘呢？答案是：**訓練專屬於自己的「心流番茄鐘」**。

別再濫用番茄鐘，心流番茄鐘才是關鍵

心流是一種忘我的狀態。

你應該有過那種半小時過去了，卻覺得才過了幾分鐘的體驗吧？這就是心流狀態。處於心流狀態時，你會自動關閉對時間的覺知，專注投入在所關注的事情上，而訓練自己隨時進入心流狀態，則能大大提升我們的專注力。

1. 使用「小番茄」刻意練習

如果你一開始無法專注，那麼使用番茄鐘提升專注力是非常有必要的。只不過，你需要做的是根據自己的節奏設置適合的番茄鐘。

比如，先從專注5分鐘開始，接下來專注15分鐘，專注25分鐘……在專注過程中輔以2~5分鐘均衡的休息時長。習慣了最開始的短時長節奏後，再逐漸延長時間。

2. 使用「新起點效應」迅速啟動

值得一提的是，在訓練過程中，如果上一個番茄鐘沒有被很好地利用，也不用太過自責或焦慮，你完全可以利用我們在第二章第一節講過的「**新起點效應**」，讓自己迅速調整狀態，重新開始。

重新啟動自己，而不是一直糾結上一個時間段內的糟糕表現。

3. 降低切換的時間成本

處理完一個突發事件後，人們通常需要花費7~40分鐘才能完全將注意力從上一件事情轉回當前的任務中。所以，在電話鈴聲突然響起、訪客突然到來或者任何突發情況發生前，別急著停下手頭的事情，先花幾秒為正在執行的任務做好標記，這樣可以有效地縮短切換任務時花費的時間。

比如，你可以先標記下報告寫到哪裡了，下一步打算寫什麼，你剛剛有什麼想法或者你的思考是什麼，等等。

標記不需要太複雜，簡單的幾個關鍵字或者提示語、符號都可以。確保你能看懂，保證你在回到當前任務時，大腦也能快速切換回此前的狀態。

4. 保持專注，及時叫停

在做自己喜歡且擅長的事情時，人們往往最容易進入專注狀態，還常常無法停下來。

最近，我看到一則令人痛心的消息：在印度，一個16歲的男孩連續玩手機遊戲6小時後猝死。除此之外，我們也常在新聞報導中看到過某創業者、企業家因為疲勞工作而猝然離世的消息。所以，提醒大家，保持專注也要及時叫停——停下休息。

專注有利於你聚焦，休息有助於讓你狀態更好地掌控全域。

5. 設計屬於自己的心流番茄鐘

設計專屬於你的心流番茄鐘（見圖2-10）並不難，你可以運用我們在「24小時時間導航」中積累的時間資料，找到適合你的「工作—休息」時長，逐步訓練自己的專注力。

除此之外，再推薦兩位我非常欣賞的前輩的做法，供你借鑑。

潤米諮詢創始人劉潤教授的做法是：設置50分鐘工作結合10分鐘休息的大番茄鐘，以及25分鐘工作結合5分鐘休息的小番茄鐘，在寫作時採用大番茄鐘，在做雜事時採用小番茄鐘。

哈佛大學心理學博士劉軒老師則選擇將52分鐘工作結合17分鐘休息作為自己的心流番茄鐘，這個設計也被其稱為「5217法則」。

番茄鐘確實有助於訓練我們的專注狀態，其重點在於，給自己設計一個更適合不同需求的心流番茄鐘。

▲ 圖2-10　心流番茄鐘

🐦 喚醒時刻

在_____情況下，你的心流番茄鐘是工作___分鐘，休息___分鐘。

在_____情況下，你的心流番茄鐘是工作___分鐘，休息___分鐘。

在_____情況下，你的心流番茄鐘是工作___分鐘，休息___分鐘。

……

原來，你的「動力源」和別人不一樣

有時，即使我們擁有了專屬於自己的心流番茄鐘或其他一系列管理工具，但還是無法調整到最佳狀態、做到專注，這時候該怎麼辦？

別急，我邀請你嘗試一種更為簡單的激勵方式：找到屬於你的內在「動力源」。==動力源就是一個簡單的詞語，但這個詞語傳遞的能量不同，這才是關鍵。==

把這些詞語代入你真正需要面對的工作或任務場景中，評估哪些詞語既能給你帶來激勵作用，又能讓你真正享受這件事。那麼，這個詞語就是你在做這類事項時的動力源。

(1) 設想一個你最不想面對或處理的工作或任務：

_____

_____

_____

比如：

① 一想到要向股東會成員彙報第一季度的工作成果，你就很鬱悶，你覺得沒有什麼可向他們彙報的；

② 上司讓你優化工作流程，但你認為這完全沒必要，做了反而會得罪與流程相關的其他同事，你不想做這件事；
③ 今天下午要召開部門例會，小E也要參加，你不喜歡與她共事，她讓你覺得厭煩……

(2) 把這些任務和表2-1中的詞語組合起來，體會這些詞語帶給你的激勵程度和享受程度的差異。

▼ 表2-1　動力源詞彙清單

必須	敢	批准
能	有必要	想要
值得	決定	願意
盡力	希望	選擇
不得不	需要	打算
可能	讓	喜歡
應該	允許	愛
可以		

舉個例子。

- 我　必須　在5月8日14:00，向股東會成員彙報我們第一季度的工作成果。
- 我　選擇　在5月8日14:00，向股東會成員彙報我們第一季度的工作成果。
- 我　願意　在5月8日14:00，向股東會成員彙報我們第一季度的工作成果。

093

在任務相同的情況下，注意體會採用不同動力源詞語後，你對此產生的不同感受。

- 這句話是否讓你充滿動力，讓你想要立即嘗試？
- 這句話是否讓你對這件事充滿興趣，你恨不得馬上行動？
- 這句話是否讓你有了更清晰的目標，讓你知道下一步該如何行動？
- 這句話是否讓你覺得有點無聊，你甚至認為完全沒有行動的必要？
- 這句話是否對你沒什麼約束力，你無法意識到它的重要性？
- 這句話是否讓你覺得這件事情沒那麼緊急，或許現在還可以做點別的？
- ……

體會自己的感受非常重要，這一過程將幫助你逐步明晰：哪些詞語在特定情況下能更有效地激發你內在自主的行動力。

(3) 當然，感受多是主觀的，通常沒有那麼清晰和準確，所以，為了找到對自己更有效的動力源詞語，我們還需要將其量化。

特別邀請你把這些動力源詞語與你最不想處理的那項工作或任務結合，然後，根據下面這兩個問題，在表2-2中為其逐一打分。通過打分測試，把那些真正對你有效的詞語標記出來。

① 這個動力源詞語，對你的激勵程度有多大？
② 這個動力源詞語，讓你有多享受、多願意主動行動？

▼ 表2-2　動力源詞語能量評分表

動力源詞語	激勵程度 1~5分（5分最高）	享受程度 1~5分（5分最高）
必須	1　2　3　4　5	1　2　3　4　5
能	1　2　3　4　5	1　2　3　4　5
值得	1　2　3　4　5	1　2　3　4　5
盡力	1　2　3　4　5	1　2　3　4　5
不得不	1　2　3　4　5	1　2　3　4　5
可能	1　2　3　4　5	1　2　3　4　5
應該	1　2　3　4　5	1　2　3　4　5
可以	1　2　3　4　5	1　2　3　4　5
敢	1　2　3　4　5	1　2　3　4　5
有必要	1　2　3　4　5	1　2　3　4　5
決定	1　2　3　4　5	1　2　3　4　5
希望	1　2　3　4　5	1　2　3　4　5
需要	1　2　3　4　5	1　2　3　4　5
讓	1　2　3　4　5	1　2　3　4　5
允許	1　2　3　4　5	1　2　3　4　5
批准	1　2　3　4　5	1　2　3　4　5
想要	1　2　3　4　5	1　2　3　4　5
願意	1　2　3　4　5	1　2　3　4　5
選擇	1　2　3　4　5	1　2　3　4　5
打算	1　2　3　4　5	1　2　3　4　5
喜歡	1　2　3　4　5	1　2　3　4　5
愛	1　2　3　4　5	1　2　3　4　5
	1　2　3　4　5	1　2　3　4　5

特別提示：你應該注意到了，表中動力源詞語一列有一個空格，目的是方便你記錄下目前表格內沒有但對你非常有效的動力源詞語。當然，你還可以不斷增加這個表格內的詞彙。

(4) 從表2-2中選出最能激勵你且最能給你帶來享受的動力源詞語,並寫下它們。

___

___

___

(5) 現在,那件你最不想碰、最不願意面對、最具挑戰性的任務,已經變成了你最期待的樣子,你可以寫下這句話以及這句話帶給你的感受。

___

___

___

　　找到動力源詞語並重組任務的目的是讓你在開始做這件事情時,對它充滿期待,並享受這一過程,從而產生持續動能,真正取得成果。

　　當然,很多時候,這些動力源詞語還會與「不」一起使用,構成否定的表達,比如:不應該、不希望、不能、不願意、不敢等。總之,每個詞語反映的都是你當下對這件事情的真實反應。

　　有時候,事情擺在那裡遲遲沒有去做,也許正是因為這件事僅僅是 應該 做的而不是 必須 做的。

　　值得提醒的是,當你發現你找到的動力源詞語開始無法發揮「神奇效果」時,你完全可以換其他詞語試一試。有效果就多用,沒有效果就再換一個。

你在每一個階段的需求不同，選擇適合你的才是最重要的。

承諾留餘地，完成超預期

因為工作關係，我經常和不同職業的人打交道，曾無數次聽到產品經理和技術人員的交流。

產品經理說：「這個功能很好實現，你只要改改代碼，實現這個小小的功能就可以了，用不了小半天就能做完……」

技術人員回覆：「不行！這個代碼一旦被修改，可能還需要重新編寫其他代碼，還要測試，確保它們安全、穩定後，才能真正上線……這可不是小半天就能解決的問題。」

這種場景並非個例，也絕不僅僅在產品經理和技術人員交流時才會出現。「一方過於弱化對時間的需求，另一方過於強化對時間的需求」的情景，在現實中頻頻上演，仔細回想，每個人都曾在不經意間置身於類似的場景。

很多時候，恰恰是因為我們弱化了對時間的需求，才導致自己既被動又焦慮，不但給自己造成了困擾，也給他人帶來了壓力。而有些時候，我們又過度強化了對時間的需求，充當了給自己和他人加碼的角色——剛剛提出需求就希望事情得到解決，甚至恨不得馬上就拿到想要的結果。殊不知，我們之所以無法妥善處理時間與任務之間的關係，是因為忽略了事件發展必然存在的延續性影響，這種影響甚至會波及你與他人的人際關係——弄得關係緊張不說，最終還無法解決問題。

作為一名優秀的職場人，我們到底應該如何做呢？

我的建議是，學會訓練自己：**承諾留餘地，完成超預期**。

「**承諾留餘地**」指的是：你可以學會像技術人員那樣思考，評估所有可能發生的情況，給突發情況和干擾事項預留足夠的時間。

要知道，一旦有突發情況打亂了你的計畫，它很可能隨之打亂你後續一系列計畫，甚至是一天、一個月或者一整年的計畫安排。所以，留出雙方都可控的時間非常重要。

當然，多預留時間並不意味著你可以無限拖延，甚至耗到最後一刻再去做。而且，這也不意味著你可以敷衍了事，或者口頭承諾下來卻不去行動，如果真是那樣，不但會浪費雙方的時間，還會透支他人對你的信任。那些被拖延的事情不斷堆積，最終會變得越發不可收拾。

所以，**承諾了就要竭盡全力做到，如果做不到，一定要第一時間告知相關人員**。

「**完成超預期**」指的是我們可以像產品經理期待的那樣，在截止日期前交付結果。當然，我們還可以在滿足對方需求的基礎上多做一些事情。

比如，上司希望你能在 5 月 21 日 18:00 前提交一份完整的工作計畫，而你在保質保量的前提下，提前兩天回覆了他，這會令他非常滿意。

再比如，上司讓你整理一份年度總結，你可以把全年的資料整理好，連同總結報告一起交給他。統計資料裡還分門別類地闡述了每種產品的情況，並對此進行了詳細、有針對性的分析，一目了然。

或者上司需要你提供一套策劃方案，那麼方案裡不僅需要包含具體的實施細節，還需要將預算情況、突發情況的應對策略等詳細

列明，甚至展示每一種方案背後的成本推演以及可能因此獲得的利潤回報等。

需要提醒的是，「承諾留餘地，完成超預期」這一招最好不要經常使用，**從管理的角度而言，驚喜和驚嚇都不好**。因為，每次都給上司製造驚喜，上司也就不覺得這些是驚喜了。

你可以按照這個標準訓練自己，同時要學會合理計畫、分配時間，從容應對挑戰。

第五節

為你的「重要他人」創造專注空間

為了更好地獨立工作，除了要管理好自己的時間，你還要管理好他人的時間。

可能有人會說，這聽起來簡直有點狂妄自大，你憑什麼管理他人的時間？我想告訴你的是，如果你是一位管理者，那麼，你應該知道管理好團隊中每個人的時間對於幫助整個團隊取得成果有多麼重要。

即便你不是一位管理者，你同樣需要與他人溝通和協作。試想一下，如果一個沒有時間觀念的人和你聊工作，原本10分鐘就能解決的問題，他偏要拉著你耗上3小時，那麼你要不要管理他的時間呢？

工作中很多事情推動不下去，或者在需要獨立工作的時候卻被頻繁打斷，就是因為我們沒有意識到他人的時間也需要被管理。其實，管理好他人的時間，就是在管理自己的時間。這些他人並不是所有人，而是你的「重要他人」，你要做的就是找出這些人，並把這些時間管理前置化。

什麼叫把時間管理前置化呢？先來舉個例子。

通常，我在早起後做的第一件事是梳理一天的工作計畫和安排，我會特意明確今天需要他人協助處理的事項，並一早留言發送

給他們。這樣，他們在進辦公室前，就已經知道自己需要做哪些事情、需要處理哪些問題了。

如果你是團隊的管理者，當你給下屬安排了任務，但他還沒有完成時，他是不太可能在你面前晃悠的。換句話說，他躲你都來不及。

如果有的工作需要你和同事協作完成，那麼你在一早發給對方回饋和下一步的行動計畫，也便於對方瞭解今天應該做什麼，應該如何與你配合。

除此之外，我還有一個小訣竅，那就是在發送留言時，附上方便溝通的時間與地點的建議。比如：「這件事情比較複雜，我覺得我們可以在 14:00 時先在辦公室開個會，討論如何開展這項工作。」約定的溝通時間通常會被安排在下午，這樣，我就能將上午的時間預留給自己，自己的工作就不至於被頻繁地打斷了。

即使你不是一位管理者，這種方式同樣能夠幫助到你。

可能有人會說，你太樂觀了，即便這樣做了，上午的工作還是會被人打擾的。是的，這很正常。我想提醒你的是，如果你仍然在被人無限度（這是重點）地打擾，那麼，原因不在於方法，而在於你沒有找對關鍵點。

關鍵點不對，你勢必要被別人追著跑，也就不得不處理、解決問題，接受他們的打擾；如果關鍵點對了，並且明確分工、責任歸屬，這樣，時間的分配權才會重新屬於你。

作為一名優秀的職場人，在這一節中我們需要建立一種意識，掌握一種方法，**讓你的「重要他人」自運轉**。

讓「重要他人」自運轉的第一步，就是了解「重要他人」，這將有助於我們建立系統性視角，縱覽全域的同時，將自己和他人的時間利用率最

大化,讓自己擁有獨立且專注的時間。

如何找到「重要他人」呢?在找到他們之前,我們先來看一個實驗。

1967年,哈佛大學社會心理學教授斯坦利‧米爾格蘭姆（Stanley Milgram）從內布拉斯加州和堪薩斯州招募到一批志願者,他從中隨機選擇了160個人,請他們郵寄一封信。收信人是米爾格蘭姆指定的一名住在波士頓的股票經紀人。

幾乎可以肯定的是,信不會直接被寄到收信人那裡,所以,米爾格蘭姆讓志願者把信寄給他們認為最有可能與收信人建立聯繫的親友,並要求每一個轉寄信的人都回發一封信給米爾格蘭姆。出人意料的是,有60多封信最終到達了收信人的手中,並且這些信經過的中間人平均只有5個。

後來,有幾位社會學家又通過郵件重新做了這項實驗,他們找了來自不同國家的6萬名志願者,安排他們發郵件給隨機指定的3個人。最後,收件人幾乎收到了所有郵件,並且中間只經過了5~7個人。

▲ 圖2-11 六度分隔

這就是著名的「六度分隔理論」（見圖2-11），也被稱為「小世界效應」。簡單來講，就是你最多通過5個中間人就能夠認識世界上的任何一個陌生人。

我們提到的「重要他人」，正是「六度分隔理論」的微觀呈現。

在工作中，你的「重要他人」可能是同事、上司，如果你的工作還會涉及大量對外接觸，那麼你的「重要他人」名單裡還可能會出現客戶、股東、供應商等。

在生活中，你的「重要他人」可能是家人、朋友、導師、同學等，如圖2-12所示。

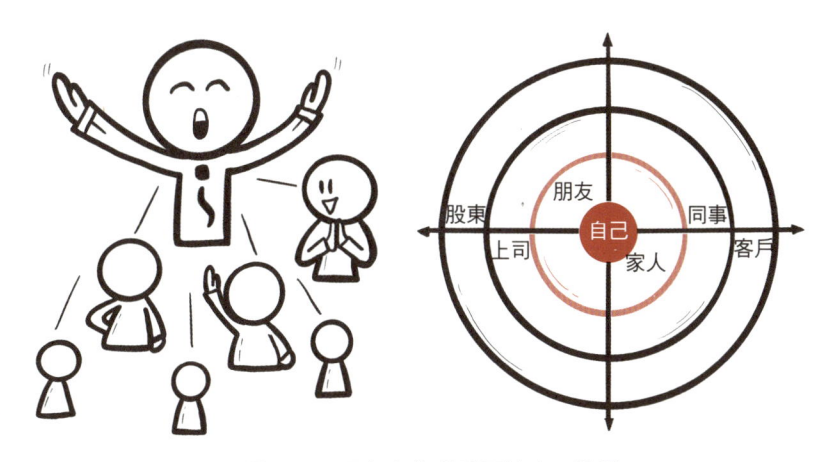

▲圖2-12　可參考的「重要他人」範圍

面對一項具體的任務或者一個具體的事項時，哪些人會是我們的「重要他人」呢？這時，你可以在「每日清單」內選出一個待辦事項，然後按照圖2-13中提到的三維度定位法找到他們。

▲ 圖2-13 「重要他人」三維度定位法

你要完成的一項任務是：＿＿＿＿＿＿＿＿＿＿＿＿＿＿＿

第一層：最密切，與你要完成的某項任務最直接的相關人。

我們仍以提交一份年度總結報告為例。

與這項任務最密切相關的人可能就是你的上司，因為你的最終報告要交給他，而他也是決定你這項任務完成與否的最終決策人。

那麼，與你要完成的任務密切相關的重要他人是：＿＿＿＿＿＿＿
這個或這些重要他人需要為你提供的回饋、支援或資源是：

＿＿＿＿＿＿＿＿＿＿＿＿＿＿＿＿＿＿＿＿＿＿＿＿＿＿＿＿
＿＿＿＿＿＿＿＿＿＿＿＿＿＿＿＿＿＿＿＿＿＿＿＿＿＿＿＿
＿＿＿＿＿＿＿＿＿＿＿＿＿＿＿＿＿＿＿＿＿＿＿＿＿＿＿＿
＿＿＿＿＿＿＿＿＿＿＿＿＿＿＿＿＿＿＿＿＿＿＿＿＿＿＿＿

第二層：在接觸，指的是在完成這項任務的過程中，哪些人會與你配合或為你提供支援。

這一層涉及的範圍會進一步擴大。比如，要完成這個報告，你就需要與部門內的所有成員，甚至是跨部門的其他同事溝通、對接。這時，你可以把他們一一列舉出來，這樣既不容易遺漏，也可以更全面、系統地與他人溝通協作，有效推動並完成這項任務。

在這項任務中，你會接觸到的重要他人是：＿＿＿＿＿＿
這個或這些重要他人需要為你提供的回饋、支援或資源是：

＿＿＿＿＿＿＿＿＿＿＿＿＿＿＿＿＿＿＿＿＿＿＿＿

＿＿＿＿＿＿＿＿＿＿＿＿＿＿＿＿＿＿＿＿＿＿＿＿

＿＿＿＿＿＿＿＿＿＿＿＿＿＿＿＿＿＿＿＿＿＿＿＿

第三層：會影響，指的是在完成這項任務的過程中，有哪些人、哪些因素會影響他人或整個任務，甚至會影響下一步的行動等。

比如，上司要求你擬定一項新政策，並將其添加到年度總結報告中一併發佈。由於涉及新政策的發佈，這項任務的最終結果就極有可能與其他部門，甚至整個公司的人產生關聯。

這麼一來，在開始這項任務前，你不妨先好好思考一下，這項政策發佈後會對誰產生影響？誰會支持？誰會因此提出不同意見？

你可以列一份人員清單，嘗試聽聽他們的建議，或是站在不同人的角度看看應該如何更好地制訂這項新政策。

如果你不想在政策發佈時面對大量臨時、突發的挑戰和質疑，那麼這種方式可以儘快實施。而這些重要他人的「參與」（他們不一定真的要參與，你換位思考的方式也可以算作他們的參與方式），能幫助你在制訂政策時更符合實際需求，也更容易獲得支持。

在這項任務中，你會影響到的重要他人是：＿＿＿＿＿＿＿
這個或這些重要他人需要為你提供的回饋、支援或資源是：

_____

_____

_____

_____

一旦找到你的重要他人，你在做事情時就可以更全面、更宏觀、更系統地看待問題，更高效地完成任務，避免無意義的返工。

需要注意的是，重要他人的人數不宜過多。切記，**圈子一般不需要擴大到3層以外，重要他人也最好控制在6個以內（含6個）。**

如果人數過多、名單過長，你要麼是還沒有找到正確的關鍵人，要麼是還沒有把這項任務的關鍵點理清楚。而這些關鍵人、關鍵點才是一項任務的核心，可以幫助我們訓練「跳出現象看本質」的能力。

解決問題的關鍵就是找到本質，這些本質往往只掌握在某一個或某幾個關鍵人的手中。**這也是在做事情前要先梳理出「重要他人」的原因。**

四象限法則，讓你和「重要他人」都擁有專注的上午

你應該不止一次聽到過「提出問題時，先給解決方案」這樣的建議和要求。很多管理者也都曾把這個要求作為必要的管理手段之一，就像在富士康科技集團董事長的辦公室門上，曾張貼過這樣一則提示：「遇到問題先想好 3 個解決方案再敲門。」

即便大多數人已經學會帶著解決方案去和上司溝通，但我還是想和你分享一個新的發現。

我曾經看到一位非常優秀的領導者是這樣管理他的團隊的。雖然，他也要求員工帶著解決方案來與他溝通，但不同之處在於，他從不讓員工主動告訴自己他們正在面對什麼問題，而是先猜測出現了什麼問題。

這種方式的關鍵在於「由他來猜測出現了什麼問題」，而不是「先發現問題，再尋找解決方案」。這種反向思維方式，讓我打開了新的視角，並且也演化成了自己帶團隊時常用的管理方式。

這種做事方式可能會讓你感到一頭霧水，我們舉例說明一下。

假如，你的部門經理帶著解決方案來找你，向你彙報說：「我打算在下週五之前把 3 個重要客戶拜訪一遍，以便讓他們瞭解我們的新產品。」

你通過進一步求證發現，真實的問題在於：上個月新來的員工在沒有充分瞭解業務的情況下，就貿然去拜訪了一位大客戶，這令對方大為惱火。為防止負面影響進一步擴大，部門經理只好親自去溝通和安撫。

針對現狀，部門經理提出的解決辦法也許算得上是一個不錯的方案，但未必是一個能夠解決長遠問題的最佳方案。

為什麼這麼說呢？我們都知道，短期「救火」，長期「防火」。「防火」才是我們更應該關注和重視的部分。

如果著眼於「防火」，從全域的角度解決問題，方案就不只這一種了，它們還可能是：

- 建立員工培訓體系，讓員工在充分瞭解業務情況並具備一定的專業知識、能力且通過考核後，再去接觸大客戶；
- 建立完善的客戶管理系統和許可權，確保客戶資源由對應級別的專業人員維護；
- 可能這個客戶本來就比較「難纏」，且一直對公司的產品和服務頗有意見，這次的情況只是加劇了矛盾，那麼，公司可能需要針對挑戰型客戶制訂相應的跟進、回饋策略以及執行方案等。

偉大的物理學家愛因斯坦說過：「你永遠無法在出現問題的同一層面解決這個問題。」

我認為，上述管理模式的神奇之處在於，人們在面對問題或麻煩時（尤其是當這個麻煩是由自己引發的時），通常會選擇隱藏真實情況或者誇大事情產生的原因，這不但會對我們思考解決辦法造成干擾，也不利於我們徹底解決問題。而毫無指向性的推測（猜出現了什麼問題），則不針對任何人，也沒有任何遷怒的可能，人們也會更有安全感，從而真正毫無負擔地袒露真相。

當然，這種方法還有助於我們在快速解決問題的同時，把問題涉及的範圍擴大，站在更宏觀的角度，專注於更大的系統，挖掘更深層的原因，從而拿出更為長遠的解決方案，系統地解決問題。

當你瞭解了這種方法背後的理念後，你還可以將其與時間管理四象限法則結合，分析定位問題並建立要事優先的「防火」系統，如圖2-14所示。

對於剛才的案例，我們結合時間管理四象限法則來進一步拆解。

假如部門經理提出的解決方案為：「下週五之前親自把這3個重要客戶拜訪一遍。」這更像是**第一象限——既重要又緊急的任務**。

假設「必須和這位客戶聊一聊，並且要親自去聊」是當下最緊急且最重要的事情，那麼相關人員需要馬上去做，立即執行。

如果在和部門經理梳理事項的過程中，你發現還有更重要、更長遠的事情要做，那麼這些事情就屬於**第二象限——重要不緊急的任務**。

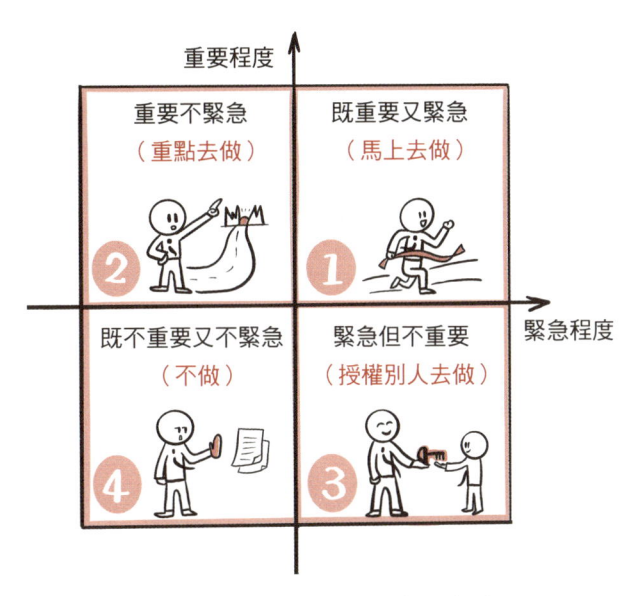

▲ 圖2-14　時間管理四象限法則

比如，我們提到的解決方案——「建立員工培訓體系」「建立完善的客戶管理系統和許可權」，這些顯然不是做完之後馬上就能看到效果的事情，它們都需要經過一段時間的積累，甚至需要更多的人參與，才能建構出完善的體系或系統，用以支援長線需求。

除此之外，工作中還有可能出現第三種情況，也就是<mark>第三象限中緊急但不重要的任務</mark>。

我們假設並不是員工自身或工作程序出現了問題，而是「客戶比較難纏」，或是「此類事件在這個客戶身上多次發生」等，那麼，你也許可以採取一些之前奏效的方式解決問題。比如，採用電子郵件或者電話溝通的方式解決此類問題。

除此之外，你還有可能面臨一種更棘手的情況。比如，你已經在一個月前安排了一場更重要的客戶會面，並且為此進行了充分的準備，那你是否還會因為這次突發情況的出現而打亂此前所有的計畫呢？

也許，你心裡非常清楚，早已安排好的重要客戶會面顯然比當下親自拜訪那位大為惱火的客戶重要得多。那麼，這件事就變成了你時間管理矩陣中緊急而非重要的事項，也就是第三象限中的事項，可以授權別人去做。

最後，還有<mark>第四象限——既不重要又不緊急的事情</mark>。

一旦事情被排到了第四象限，就意味著我們可以將這類事情從待辦清單中刪除了。

把無關的事情從你的待辦清單中刪除，聽起來很容易，實際上是一個非常痛苦的過程。當然，有一種方法可以讓這件事情變得輕鬆：把那些既不緊急又不重要的事情留在你的待辦清單上，每天看一看，思考是否有必要做；如果你還沒有決定馬上去做，那麼不妨給它們設定一個時限，並把相應的時間標注好，等到了規定的時間再著手去做。

如果在規定的時限過後，你還沒有打算做這些事情，就把它們從你的清單裡劃掉吧。

通常情況下，我們需要花大力氣，才能把那件真正重要又緊急的事情找出來；而一旦找出那件事，最難的是放掉其他的事，如圖2-15所示。

另外，在遇到每一項任務之前，我們還可以多問自己幾次這樣的問題：對我而言，當下最重要的事情是什麼？如果我只能做一件事，而這一

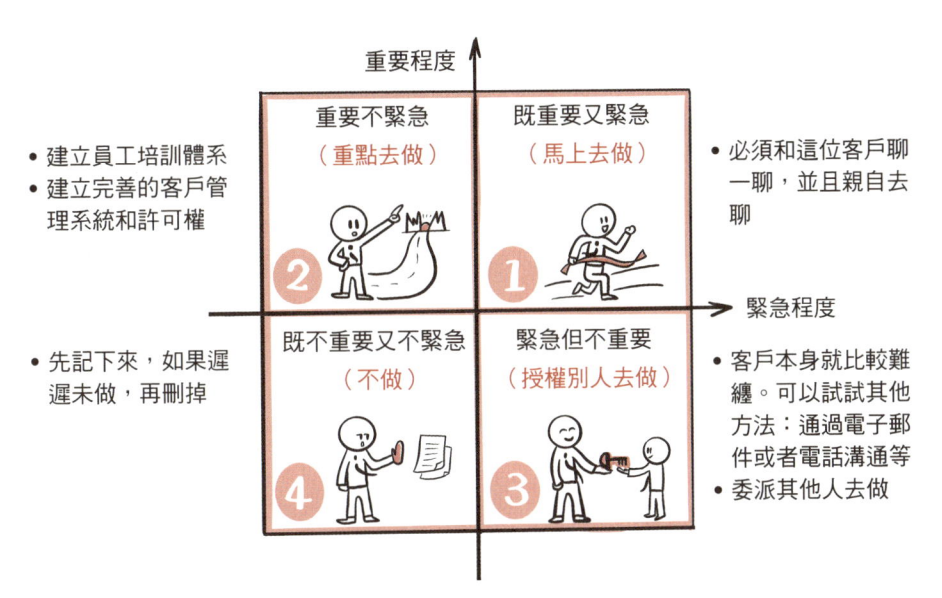

▲ 圖2-15 時間管理四象限法則的應用

件事會對其他多件事情，甚至是對未來相當長一段時間產生影響，那麼這件事會是什麼？

需要提醒的是，讓你的「重要他人」也擁有高效上午的關鍵在於：<u>讓人們優先完成那些對他們自己而言重要的事情</u>。注意，這些重要的事情，不是由你定義的，而由他們自己說了算。

<u>先聽聽別人的解決方案，再猜一猜到底出了什麼問題，然後利用時間管理四象限法則，把時間分配給那些更能解決問題、創造價值、提升效率的事務。</u>

有時，親耳聽到甚至親眼看到的並不一定都是真相。但是，我們可以從這些親耳聽到甚至親眼看到的事情中，找到事情的本質和真相，更系統地分析、解決問題，當你和「重要他人」共用這種處理問題的方式時，彼此就都擁有了高效的上午。

如果事情很急、很重要，放心，會有人來告訴你

2015年中央電視台「3・15」晚會曝光了某餐飲品牌售賣食材涉假的新聞。那天正值週日，時任該公司公共事務部資深總監的楚老師正與家人在外就餐，他後來這樣回憶。

> 我當時在餵女兒吃蝦仁，手機響了。一個同事告訴我，就在剛才，中央電視台新聞頻道播報了一條新聞，核心內容是我們售賣的一款食材涉假。我當時第一反應是「攤上事了」。被傳播力和影響力第一的中央電視台報導了一條負面新聞，影響可想而知。
>
> 我馬上安排啟動應急預案，讓所有工作人員就位，負責媒介監測的人員、負責與政府溝通的人員、負責與行業協會聯絡的人員，

全部進入工作狀態。

5分鐘後，我們創建了所有高管在內的微信群，討論如何處理這次危機公關事件。我同時要求同事們每15分鐘進行一次全網媒體掃描，有任何與「公司品牌＋涉假＋央視」相關的新聞都要監看，密切關注後續動態……

雖然這個例子是一起危機公關事件，但相信類似的場景都曾在不同崗位上出現：技術人員需要24小時待命，一旦有事故警報需要第一時間上線處理；人力資源同事突然接到視察通知或投訴，必須馬上出面調停以防事態擴大……意外總是會出現，也總有一些非辦不可的緊急情況等著我們處理。當然，除了這些意外，還有很多人在主動「強迫」自己密切關注新聞動態、世界動態等，這慢慢演變成了一種「上癮症」。在美國，人們稱這種現象為「FOMO」，即「害怕錯過」（Fear of Missing Out）[12]。越成功的人越在意FOMO，他們覺得世界上每天發生這麼多的事，如果不能隨時瞭解，很容易錯失先機。

但你要清楚，你並不需要整天關注世界上發生了什麼事，因為絕大多數資訊與你的生活毫無關係，也影響不了你的任何決定。而且在事情發生之前，你也不需要傻傻地等，或者期盼著這些意外走到你的面前讓你大展身手。恰恰相反，你只需要專心做好手頭的事情。就像前面說到的事情一樣，**如果事情真的很緊急、很重要，放心，一定會有人告訴你。**

---

[12] 這種現象最初是由行銷策略師·赫爾曼博士於1996年發現的。這種現象也被稱為錯失恐懼症，特指那種總在擔心錯過什麼事情的焦慮心情，也稱「局外人困境」，是一種人們普遍存在的擔憂情緒。

同時，你也不用總是擔心自己會落伍，因為這些消息始終會以其他方式出現在你的面前，比如在朋友圈被他人轉發、上微博熱搜、成為新聞熱點等。

畢竟，<u>生活在這個時代，來自工作、任務、資訊的干擾並不少見，少見的是遮罩干擾的能力</u>。

喚醒時刻

你有「錯失恐懼症」嗎？你打算如何克服它呢？

本章要點

- 上午的時間是專注時間。
- 我們都擁有一個視覺大腦,不妨學會使用「24小時時間導航」讓計畫、靈感、複盤被看見。
- 找到自己的高精力週期,充分利用大腦黃金時間段,確保自己能專注、獨立地工作。如有必要,你可以為自己設計一段「與自己開會」的專屬時間。
- 修煉「Z計畫」,就是做不喜歡做的事,直到將其轉化為喜歡做的事,再轉化為擅長做的事,然後不斷挑戰,如此躍遷。
- 「DONE-E」法則的精髓在於——完成任務且享受完成任務的全過程。
- 動力不夠,是因為沒有找到對的方法。運用「動力源」詞彙清單,給自己一個有力的回應,讓自己先動起來。
- 做事先盤「人」,盤點「重要他人」可以讓你少走彎路,獲得支持,贏取資源,更有效率。
- 「時間管理四象限」並不複雜,它只想告訴你一件事:永遠不要忘了,要事第一。
- 在職場中,要主動找活幹,敢於承諾,堅持超預期完成任務;同時,設置自己的「心流番茄鐘」,別被「FOMO」心態和外界刺激干擾和影響。

···· 中午篇 ····

第三章　修復的中午

中午只能吃飯和睡覺？你太小瞧這1小時了。

我們是波動世界內的波動個體，節奏性存在於我們的基因中。

　　　　——吉姆・洛爾（Jim Loehr）、
　　　　托尼・施瓦茨（Tony Schwartz）

第一節
午間精力修復術

時間科學已經肯定了古老的智慧：我們應該讓自己休息一下。

——丹尼爾・平克

在經歷了一上午的高能量輸出之後，你需要一個短暫的休整。就像美國賓夕法尼亞大學佩雷爾曼醫學院睡眠與呼吸神經生物學中心主任大衛・丁格思（David Dinges）說的那樣：「保持清醒就像揹著一個背包，醒著的時間越長，背包就越沉重。如果稍事休息，背上的負擔將有所減輕。」

小憩也要掌握的必備技巧

《時機管理》一書的作者丹尼爾・平克就將午睡形容為大腦的冰面修復機。一個午間小憩對警覺性、效率以及學習力、記憶力、創造力的提升幫助巨大，尤其對於腦力勞動者而言，午睡還可以在情緒、邏輯推理和認知表現等方面給我們帶來益處。

不過，午間的小憩和晚上的睡眠完全不是一個概念，午睡需要注意以下幾個方面。

1. 午睡不是睡大覺，而是小憩

英國睡眠教練尼克・利特爾黑爾斯（Nick Littlehales）曾提出，人的睡眠每90分鐘為一個週期，入睡45分鐘後就會進入深度睡眠階段。按照這個睡眠週期，午睡超過30分鐘，人就開始逐步進入深度睡眠狀態，處於這個狀態的人被喚醒，不但不會感到壓力有所減緩，反而會覺得更困乏，不利於精力恢復。所以，最佳的午睡時長在15~30分鐘最為合宜。

2. 主動小憩，迅速回血

回到大衛・丁格思的研究中，他把午睡分為兩種類型：主動型和被動型。你身邊一定有一些人在有意識地主動休息，這類人的午睡就屬於主動型；而另一些人忙忙碌碌，通常累到睡著，這類人的午睡多屬於被動型。主動休息比被動休息更能幫助我們恢復精力。

大衛・丁格思還建議成年人每天至少要睡7小時。不過，大多數職場人常常無法睡夠7小時，甚至很多人屬於睡眠嚴重不足的「特睏生」。所以，如果你的睡眠時間不夠，那麼白天主動小憩一會兒是必要的修復精力方式。

在一天中，我通常會主動小憩2~3次。由於起床時間太早，我的第一個小困倦期會在8:30~9:00到來，這個時間我恰好在上班路上，一般就會利用這段時間休整補眠，這也是我一天中第一次小憩，而第二次小憩就是午睡。

3. 除中午之外，一天之內還可以多次小憩

正如我剛剛提到的，一天內（白天）小憩多次也是可以的，但要注意的是：儘量不要在1小時內小憩兩次。

另外，一旦你習慣了小憩30分鐘或20分鐘，還可以根據實際情況縮短小憩時長，幫助自己在極短的時間內快速休整。比如，給自己15分鐘、10分鐘，甚至5分鐘或更短的時間小憩。在睡眠不足的情況下，我經常會花3~5分鐘小憩。

可能你會擔心自己確實需要小憩，但沒辦法在這麼短的時間內成功入睡。我想告訴你，你完全不必為此擔心。《斯坦福高效睡眠法》一書中提到過一個試驗，試驗召集了10名健康的年輕人，統計他們的「入睡潛伏期」。結果顯示，容易入睡的人和難以入睡的人之間的入睡差值只有2~3分鐘。其實，人們在非常困倦的情況下，5分鐘之內就能入睡。經過刻意練習後，人們也能在2分鐘或者幾十秒內入睡。

對很多人而言，無法入睡是因為壓力過大或入睡前想太多的事情，所以，要讓自己更好地入睡，重要的是放鬆。

4. 快速入睡──2分鐘熟睡法

我們如何才能儘快入睡，從而達到有效小憩的目的呢？

第二次世界大戰期間，美國軍隊就曾為海軍飛行員開發了一項快速入睡技術──「2分鐘熟睡法」。這種方法不僅適用於躺在床上睡覺，還可以用於坐著睡覺──因為飛行員們也是坐在椅子上

2分鐘熟睡法

完成這個訓練的。具體方法分為以下五步。

第一步：平躺下來或找一個舒服的姿勢坐好，全身保持放鬆狀態，閉上眼睛。放鬆你的臉部肌肉，包括舌頭、下巴以及眼睛周圍的肌肉。如果你感覺自己皺眉了，就要注意放鬆額頭的中央區域，同時，讓額頭和眼窩徹底放鬆。

第二步：盡可能地放低你的肩膀，伸展脖子，緩解它的緊張感，接著放鬆你一隻胳膊的大臂和小臂，然後再換另一隻。如果你很難放鬆胳膊，試著拉緊肌肉，然後放鬆下來，最後讓手和手腕都放鬆下來。

第三步：深呼吸，放鬆胸部，讓你的肺部有充滿空氣的感覺。

第四步：放鬆雙腿。先放鬆大腿，接著放鬆小腿，最後放鬆你的腳踝和腳。

第五步：放空大腦，幻想自己躺在一艘停在平靜海面上的小船裡，頭頂上有藍天和白雲，或是想像自己躺在如雲朵般溫暖、柔軟的毯子裡，放空10秒，就能順利入睡了。

快速入睡的關鍵就在於「停止你腦中奔騰的思緒」，當身體放鬆且頭腦10秒內沒有任何活躍的想法時，你就能夠順利入睡。

5. 訓練大腦，形成小憩生物鐘

你還可以在每天的同一時間，定時定點地訓練自己的小憩生物鐘。訓練之初，你可以結合「2分鐘熟睡法」，根據自己計畫的小憩時間和時長，給自己設定一個叫醒鬧鐘，定時把自己喚醒。比如，計畫中午12點入睡，時長20分鐘，鬧鐘則設置在12:20。

久而久之，你就會習慣這個規律。一旦形成生物鐘，大腦就會自動發出入睡或是甦醒的指令，你不再需要任何有意識的控制和干預，「秒睡」

也就毫不費力了。

　　當然，在訓練之初，你可能只是醒著躺了或坐了20分鐘，即使這樣，也不要給自己太大的壓力，這同樣是一種休息。你要做的是，在20分鐘結束後馬上起來，不要拖延，這一點也同樣重要。如果20分鐘後你還是感到疲勞，也至少等到1小時以後再小憩，千萬不要立馬又入睡。

　　如果醒來後還是覺得困乏，你可以試著用肉眼盯著藍天看1~2分鐘，盡可能睜大眼睛，因為藍光可以刺激視神經，並能夠進一步刺激下丘腦，減少睏意，幫助你恢復清醒狀態。

不是所有人都適合小憩

　　事實上，每個人的睡眠時長都不同，小憩品質的高低也不是用睡眠時長來衡量的。那麼，如何定義睡得不夠、睡得不好？我們可以使用圖3-1中的睡眠效率公式來分析。

$$睡眠效率 = 睡眠時間 / 臥床時間 \times 100\%$$

▲ 圖3-1　睡眠效率公式

　　比如，你23:00上床，0:00睡著，第二天早上6:30醒過來，賴了會兒床在7:00正式起床。那麼，你晚上的睡眠效率就是6.5除以8，大約是81%。睡眠效率的及格線是85%（老年人為80%~84%），高品質睡眠的睡眠效率應該達到90%。如果你的睡眠效率處於及格線以下，這意味著你的睡眠品質還有待提高。

　　如果你晚上睡得不好，睡眠效率本來就不高，第二天感到困倦，那麼

儘量不要長時間午睡，因為午睡會減少睡眠動力，可能讓你第二天晚上還是睡得不好。如果你晚上的睡眠效率已經很高，只是偶爾太早起床，或是晚上睡得不夠，導致第二天犯睏，那麼，你完全可以通過午睡緩解困乏。

另外，對睡眠效率不高的人而言，不建議增加臥床時間，也就是說，不困的時候不要上床睡覺。除此之外，尤其不建議臨近上床睡覺時小憩，這也會對睡眠品質產生不良影響，導致入睡難或者入睡晚。

運用「12315法則」保持精力充沛

2018年，《歐洲心臟雜誌》刊登了中國醫學科學院阜外醫院的研究報告，報告中提到，成年人每天睡6~8小時，因心血管疾病死亡的風險最低，而每天睡8~9小時、9~10小時、10小時以上的人，風險依次增加5%、17%和41%。由此可見，睡眠時長並非越長越好。那麼，既然不是所有人都適合小憩，還有哪些方式可以說明我們休整並保持精力充沛呢？

我有一位做科研的朋友，他調節狀態的方式是做高等數學題。這在常人看來不可思議，但對他而言卻是難得的休整方式。我還有一些同事，其平時的休整方式是研究穴位，通過按摩穴位幫助自己緩解疲勞。而我的愛好則是畫一張視覺呈現筆記，幫助自己切換使用左、右腦以達到休整的目的。除此之外，你還可以嘗試超級簡單的「12315法則」，幫助自己恢復精力。

就像大腦和身體會向你發起「投訴」一樣，「12315法則」正是在提醒你積極回應身體的信號，及時調頻休整。

「1」：喝1杯水

被譽為「美國大腦健康」之父的腦成像專家丹尼爾·G·亞蒙

（Daniel G. Amen）和健康健身領域專家塔娜・亞蒙（Tana Amen）在其合著的《大腦勇士》一書中提到，我們的大腦裡80%是水，缺水2%就會影響我們的表現。

大腦電解質的運送大多依靠水分，所以，身體缺水的時候，人會頭疼、頭暈、無法集中注意力，缺水還可能引起腦萎縮、記憶力問題，讓人學習成績變差、對疼痛變得敏感等。一項研究還發現，缺水的飛行員在飛行時表現比較差，尤其是在工作記憶、空間定位和認知能力方面。所以，給大腦補充充足的水分有助於優化大腦的功能，讓大腦重新活躍起來，而僅僅是補充水分，就可以提升我們身體19%的力量和效能。

所以，在做決定前或者在做用腦較多的工作時，記得多喝一杯水。

不過，需要注意的是，喝水不能用喝茶、喝咖啡、喝一些含酒精或是使用工業方法製作的飲用品代替，因為茶、咖啡、酒精和工業飲料裡含有大量的脫水因子，這些脫水因子進入身體後，不僅會使進入身體的水迅速排出，還會帶走儲備在人體內的水。

「2」：曬2分鐘太陽

陽光是萬物生存的基本條件，也是影響人體健康最大的自然光。職場人整天待在密不通風的辦公室裡，不少人覺得身體疲憊、睡眠不好，其中一個主要原因就是缺少陽光照射，以至於體內褪黑素分泌不足，影響睡眠。

此外，還有一種名為季節性情感障礙（Seasonal Affective Disorder，簡稱SAD）[13]的精神疾病和日照時間有關。患上這種疾病的人，隨著日照時間變短，生物鐘會紊亂，致使心情沮喪甚至抑鬱。

所以，在做好防曬工作的前提下，每天花2分鐘曬曬太陽，讓身體多

接受陽光的照射，能夠調整生物鐘、增加滿足感、改善心情。

「3」：離椅子3步遠

美國國立衛生研究院（NIH）的調查顯示：美國人每天坐著的時間平均超過9小時，甚至比睡眠時間還要長，而長時間加班的人，坐著的時間甚至超過14小時。同時，NIH的資料還顯示：長期坐著的人死亡風險比一般人高出50%。

所以，我建議你每天給自己設定一個最低標準：**站起來，從椅子上走開，至少走3步遠**。離開椅子後，你還可以順便做一些對肩背有益的運動，或靠牆站立3分鐘。

另外，我會在開電話會議或打電話的時候，戴著耳機在辦公室裡走動，做一些簡單的拉伸運動緩解疲勞。我還為自己準備了一個可以調節高度的辦公桌，每坐著工作1小時後就會起身站立辦公30分鐘，如此交替進行。

你還可以利用這個機會讓大腦休息一下，聽聽音樂、眺望下窗外，或者走到同事的辦公桌前回覆一下他剛才問你的問題，這樣做既達到了自我修復的目的，還增加了與同事真誠互動的機會。

「1」：做1分鐘冥想

一般而言，我不建議在休息時間繼續給大腦增加壓力，而是應該徹底

---

[13] 季節性情感障礙是以與特定季節（特別是冬季）有關的抑鬱為特徵的一種心境障礙，是每年同一時間反覆出現抑鬱特徵的一種疾患。這種抑鬱症與白天的長短或環境光亮程度有關。研究發現，季節性情感障礙發作的機率與當月的平均氣溫、光照週期明顯相關。季節性情感障礙常表現為有規律地在冬季發生抑鬱，夏季呈輕度躁狂，二者交替出現。

放鬆大腦。冥想則是幫助大腦放鬆的最好方式之一。

練習冥想不一定必須有燭光或是特定的環境，你完全可以找到一個安靜、舒適的位置，從每天1分鐘簡單易行的冥想開始。

⑴ 找一個安靜、舒適的地方落座；
⑵ 設置一個1分鐘後的鬧鐘，讓自己專注於冥想練習而不必擔心時間；
⑶ 深呼吸，並保持正常頻率持續呼吸；
⑷ 讓意識彙聚在自己的呼吸上，感受肚子隨著呼吸上下起伏；
⑸ 如果此時你的腦海裡冒出了其他想法，不用刻意迴避，承認這個想法，告訴它，你已經看到它了，然後送走它；
⑹ 意識始終只專注於呼吸；
⑺ 鬧鐘鈴響後結束。

如果時間足夠，你可以逐漸增加練習時間。另外，在狀態不佳時，你可以隨時停下來做一個冥想練習，這不但有助於啟動大腦，還可以讓你獲得短暫且充分的休息，讓思想和創意自由流動。

「5」：做5分鐘運動

很多職場人確實很忙，忙到沒有時間去健身房，忙到彷彿每天都在出差。即便如此，我相信你仍然可以每天抽出5分鐘的碎片時間用來鍛鍊。

以我為例，我每天醒來後不會馬上下床，而是在床上做簡單的瑜伽拉伸；刷牙的時候會單腿站立，做幾個深蹲；通勤時儘量爬樓梯、多步行；每週我會抽1天放棄午間小憩，去樓下的健身房，跟著教練跳一節45分鐘

的尊巴[14]。

　　當然，散步也是一項非常適合的減壓和鍛鍊的方式。《職業衛生心理學》期刊上發表過一個試驗，試驗人員讓100個來自各行各業的志願者在吃完午餐後，挑選出其中50個人散步15分鐘，另外50個人則找一個安靜的地方深呼吸或靜坐。結果顯示，散步的那一組人比深呼吸那一組的狀態更好，工作效率更高。

　　所以，如果你實在沒時間，也請至少抽出5分鐘的時間運動一下，這不但可以幫助你釋放壓力，還可以很好地改善心情。

　　午間精力修復術是為了更好地勞逸結合，創造大腦新鮮感。畢竟，階段性的修復，能夠幫助我們保持更為持久的專注力。

---

[14] 尊巴（Zumba）一詞源於哥倫比亞俚語，意為「快速運動」，是一種健康、時尚的健身課程，它將音樂與動感易學的動作以及間歇有氧運動融合在一起。尊巴是由舞蹈演變而來的一種健身方式，它融合了森巴、恰恰、騷莎、雷鬼、佛朗明哥和探戈等多種南美舞蹈形式。一節60分鐘的尊巴健身課分成節奏強度不同的幾個階段，即便是沒有任何舞蹈基礎的人，也可以得到放鬆。

第二節

午間也是社交的好時機

正如此前提到的，我通常會在小憩後才去吃午餐，然後簡單散步或是運動。我認為，這至少有3個好處：一是可以錯開大家等餐時排的長隊，讓自己先花20分鐘充分小憩；二是可以在飯後外出慢走曬曬太陽，避免因飯後立即坐下來而囤積脂肪；三是不會錯過和大家共進午餐。

不要常常一個人吃午餐

對於要不要獨自吃午餐這件事情，一直眾說紛紜。領英（LinkedIn）社群媒體及活動專員伊什・維杜斯科（Ish Verduzco）曾經說：「獨自用餐並不是休息，而是孤立。」他的做法是每週與兩個新認識的人共進午餐。他認為這樣既有助於建立關係，也能擴展自己的知識格局。

很多公司為了增進團隊成員彼此間的信任和瞭解，會在特定時間舉辦午餐會。還有一些企業會專門設計「與老闆共進午餐」這類特殊表彰。當然，這些特別安排的午餐大多較為隨意，目的是讓大家輕鬆、愉快地聚在一起，分享工作心得和生活趣事。

「小飯桌」文化

我之前服務的一家公司就有一個約定俗成的「小飯桌」文化。

小飯桌代表午間的休閒時光。大家聚在一起，把帶來的飯菜或點好的外賣放在一張餐桌上，彼此分享食物，同時交流工作、生活中的趣事。

在「小飯桌」上，你會發現同事們的另外一面，或風趣幽默，或爽朗開放，或愛好奇特，或經歷坎坷……各種各樣的故事和喜好，也從「小飯桌」上飄了出來，每個人的形象都變得立體、可愛。慢慢地，「小飯桌」文化也演變為一種減壓的方式，大家到了吃飯時間會主動叫上各個部門的同事，一起東拉西扯閒聊天。

發展到後來，「小飯桌」還從午餐擴展到了早餐和晚餐，場地也不再局限於公司內部。而且，大家在覺察到誰的狀態不好或是需要關心時，就會主動和他約飯，給他加油打氣。

「小飯桌」逐漸成了一種傳遞正能量的方式，也成了放鬆、釋懷、找回正能量的途徑。

熊太行曾在他主講的線上課程《職場關係課》中提到這樣一個觀點：「一家公司的員工在午餐桌上的話題越『無聊』，意味著這家公司的職場文明程度越高。」

我之前不太理解這句話的含義，細細琢磨之後才發現其中蘊含一定的道理。午餐桌上「無聊」的話題，其實代表一種安全感，安全到同事之間可以暢所欲言，氛圍輕鬆有趣，無所顧忌，毫無負擔。

當然，我確實見過不少人抱怨與同事一起吃午餐很疲憊，尤其在領導

者要求大家一起吃飯的時候，員工的抗拒感會更強烈。這可能是缺乏安全感的表現，這時要解決的不是要不要一起吃飯、如何一起吃飯的問題，而是要著力營造氛圍，塑造文化，打造安全感。

和朋友約頓飯、聊聊天

當然，並不是每家企業的文化都一樣，也不是所有話題都適合與同事分享。如果你的朋友恰好就在你公司附近，不妨約上他們共進午餐，和他們聊聊天也是不錯的選擇。

畢竟，研究表明，和別人聊天是休息效果最好的方式之一。

不要只和某幾個人在一起

很多人進了職場卻仍像學生時代一樣，只喜歡和某一個或某幾個特定的同事交流、聚餐。畢竟每個人都天然地喜歡和那些與自己相似的人接觸，這無可厚非。但出於長遠發展的考慮，我們還是應該學會無功利且有意識地發展、建構人際關係。

比如，與不同部門、不同類型的人多聚餐、多接觸、多互動，提升自己的職場開闊度以及對業務、市場的瞭解等。

這是一個絕佳的「偷師」機會

如果你剛剛加入一家公司，可以先從加入同事們的午餐局開始，這能夠幫助你儘快瞭解每個人。事實上，很多公司也會為新人安排這樣的午餐聚會。

另外，如果你想向某個人當面求教，也完全可以在徵得對方的同意後，利用午餐時間交流，這不但不會損耗你們的交情，還可以加深彼此的

瞭解，增進感情。

原來「八卦」還可以為你增值

在職場，「八卦」這兩個字總會與「負能量」「令人討厭」「陋習」等貶義詞扯上關係。但只要人們聚在一起，就免不了聊八卦。追本溯源，我們會發現，「八卦」一詞並非一直代表負面含義。

八卦的英文是「gossip」，它是從古英文「godsibb」（指教母、教父）演變而來的，最早是指參加小孩受洗儀式的親密朋友。到了14世紀，其含義才擴展為孕婦生產時，在旁幫忙的親密朋友之間的閒談。

現在「gossip」的含義雖涵蓋了閒話、八卦、流言蜚語、竊竊私語，但主要指的是談論個人或他人私事的非正式談話形式。而且，據《大西洋月刊》（The Atlantic）中的一篇文獻記載，在所有的八卦中，只有3%~4%的內容是有惡意的。

此外，八卦還推動著人類的發展。牛津大學歷史學博士尤瓦爾·赫拉利（Yuval Noah Harari）在其所著的《人類簡史》中就曾提出類似的觀點，讓人意想不到的是，**人類能進化到今天，八卦能力功不可沒**。

八卦被寫進了人類的基因，是人類與生俱來的需求，有人的地方就有八卦。八卦也確實給交流提供了更大的空間，成了職場中人與人建立關係的方式。畢竟，與嚴肅的話題相比，人們天生對八卦的興趣更大。想到哪兒就說到哪兒，不用有太大的負擔，而且聊八卦的場地並無特殊要求，午餐桌、茶水間、樓梯間、休息室……都可以成為聊八卦的地點，聊起來輕鬆無壓力，也能幫助我們拉近彼此的距離。

既然絕大多數八卦不但可以緩解壓力，還可以增進關係，那麼我們如何正向地聊八卦？或者如何在覺察八卦話題已經轉到負面時，把它們引回

正向、積極的軌道呢？

運用「高峰訪談」，打造積極的八卦場域

在此，我想分享一種教練技術中非常好用的方法——高峰訪談。這種方式源於心理學中的一種現象——高峰體驗（peak experience）。

高峰體驗是美國心理學家亞伯拉罕‧馬斯洛（Abraham H. Maslow）在「馬斯洛需求層次理論」[15]中創造的一個名詞。當時，他在跟進研究一批成功人士時發現，他們常常提到生命中的一種特殊經歷，在這些特殊經歷裡，他們會感受到一種源自心靈深處的滿足，這是一種超然的情緒體驗。這種體驗猶如站在高山之巔，讓人身心愉悅且印象深刻。

當你沒有話題可聊或者感覺八卦苗頭不對的時候，你就可以勇敢地站出來，充當「記者」進行「高峰訪談」，你可以選擇問其中一個人或所有人類似「高峰體驗」的問題。

(1) 過去或者最近有沒有發生什麼讓你特別有成就感的事情？
(2) 那些事情發生在哪裡？在什麼情形下？發生了什麼？
(3) 當時還有其他人與你在一起嗎？有誰見證了這段經歷？他們感覺如何？
(4) 在這個過程中，你做了什麼？取得了什麼成果？
(5) 你覺得，這段高峰體驗的經歷展現了你怎樣的品質和能力？
(6) 在這些品質與能力中，哪些是你與眾不同的？哪些是你覺得特別重要、特別難得的？
(7) 在這件事情中，你最在乎什麼？對你而言，特別重要的是什麼？
(8) 通過這件事，你覺得自己是個怎樣的人？你希望把自己塑造成什

麼樣的人？

(9) 這些事情真的很有意思，你可以再多分享一些嗎？

在話題結束時，別忘了感謝對方，並給他們一些真誠的回饋。比如，我能感受到你的喜悅／堅強／勇敢……或者我很欣賞你的勇氣／努力／堅持……試一試這樣的方式，它能為你打開一扇良性社交的窗戶。

需要提醒的是，在聊天過程中，一定要減少對自我的關注，把注意力放在對方身上。你對別人越好奇、越感興趣，越有助於你關注對方和你談論的內容，專注聆聽對方的故事。注意，不要評判和爭論，專注於將氛圍調整到正向、積極的狀態就好。

聊八卦也有正確姿勢

提到這麼多講職場八卦的必要性，我來講一個發生在我身上的故事。我曾經被一位前輩悉心教導：「多去打聽八卦，多去走動，不一定要成為八卦的製造者和散佈者，但一定要處在資訊流通的圈子裡，即時知道公司裡正在發生什麼事。」你有沒有被你的上司教導過「**要做一個八卦的人**」？

這聽起來可能令人匪夷所思，但不得不說，職位越高的人越是八卦的高手。這些高手總能依據八卦做出判斷和行動，將那些別人看起來毫無意義的言論，變成精準打擊或模糊迴避的發力點。

---

⑮「馬斯洛需求層次理論」是行為科學的理論之一，1943 年由美國心理學家亞伯拉罕‧馬斯洛在《人類激勵理論》論文中提出。他將人類需求像階梯一樣從低到高按層次分為 5 種，分別是：生理需求、安全需求、社交需求、尊重的需求和自我實現的需求。

當然，我們提到很多八卦的積極作用，仍無法迴避那些負面八卦帶給我們的影響，每個人都要特別小心地涉及這些負面八卦，因為負面八卦若是處理不當，極有可能產生嚴重的負面後果，甚至成為我們職業發展的巨大障礙。所以，掌握一些聊八卦的常識和禁忌很有必要。

在此，我特別整理了「五不五停」原則（Five No，Five Stop），它既能幫助你正確地聊八卦，又能使你不至於深陷負面八卦的泥沼。

「五不」原則

「五不」原則主要包括個人隱私話題不聊、負面言論不聊、未經證實的訊息不聊、打探公司機密的話題不聊、洩露公司薪資待遇的話題不聊，如圖3-2所示。

▲ 圖3-2 「五不」原則

1. 個人隱私話題不聊

個人隱私包括很多種，夫妻關係、感情狀況、個人身體情況以及一些別人不願意公開的資訊，統統被稱為個人隱私。

有人說「辦公室裡無友情，同事之間無朋友」。這句話雖有些絕對，但也不無道理。同事之間，即使關係非常要好，適度保留空間、守住隱私還是很有必要的。

2. 負面言論不聊

沒有人喜歡和消極悲觀的人在一起，如果每次你都在說負面訊息，那麼，可想而知，除了那些別有用心想利用你的人，估計沒有多少真正想緩解壓力、會心一笑的人想找你聊八卦了。誰也不想在忙忙碌碌的工作之後，因為聊八卦讓自己更壓抑。

3. 未經證實的訊息不聊

所有非第一手訊息都會失真，即使是第一手訊息，在經過接收者的理解和詮釋後，也不一定完全是最初表達者的本意。更何況，在使用神神秘秘、模稜兩可、不準確、不明確的語言或語調傳遞訊息時，更容易被人誤解。

人與人之間的思維與認知差異，加上有意無意地對訊息進行的過度加工，都會導致訊息失真，所以，即便聽到了這類未經證實的訊息，我們也要及時打住，不要再去傳播。

4. 打探公司機密的話題不聊

任何一家公司都有公司機密，這裡提及的公司機密特指薪酬待遇之外

的部分，包括公司戰略、業務佈局、產品規劃、競爭策略、人員變動、架構調整以及未公佈的人事任免、升遷決定等，這些訊息一定要謹慎處理，一定不可輕易八卦。

另外，如果你原來的同事調崗到了合作部門、中立部門，甚至競爭對手的部門，那麼處理和他們的關係時就要謹慎。如果他們已經離職，加入了競爭對手公司，那就更要慎之又慎。

維持雙方的關係，日常送送小禮物，表達心意自然很好，但一定不要洩露所在公司的機密。

5. 洩露公司薪資待遇的話題不聊

洩露薪酬待遇是職場大忌。薪資待遇不只有工資一項，還包括補助、提成、獎金、年終獎、股票期權等，這是職場的高壓線。

很多公司在管理規定中都明令禁止洩露薪資待遇，一旦觸犯這一條，很可能被辭退，且不會支付任何補償金。

「五停」原則

「五停」原則主要包括涉及領導者的話題叫停、攻擊人格的話題叫停、抱怨和詆毀的話題叫停、負能量同事間的走動叫停、在公共平台抱怨叫停，如圖3-3所示。

1. 涉及領導者的話題叫停

談論領導者的八卦也是職場大忌之一，這倒不是因為職場政治，而是因為那些真正需要溝通的事情最好當面說清楚。

美國著名牛仔品牌Levi's 集團總裁奇普‧伯格（Chip Bergh）在接受

《紐約時報》採訪時曾說，**他不認同那些喜歡說三道四、有八卦中心的組織**。他甚至強調，如果發現這樣的情況，他會立即要求對方停止這種做法，如果對方無法接受，他會讓對方離開團隊。

2. 攻擊人格的話題叫停

我們不止一次強調過，溝通要基於事情本身，而不是基於人。八卦也一樣，儘量說事實，不要針對人。尤其是涉及人身攻擊、人格攻擊的話題，我們更應該學會第一時間叫停。

3. 抱怨和詆毀的話題叫停

抱怨尚且情有可原，但詆毀一定是惡意的，這一條和「攻擊人格」看起來相似，但又有不同。**攻擊人格可能是無意識的行為，但詆毀一定是有**

▲ 圖3-3 「五停」原則

意識的，甚至是故意的行為。比如，故意捏造、誇大他人的過失行為，或是添油加醋地故意製造一些負面評價等。一旦識別對方是這種類型的人，還是遠離為妙。

4. 負能量同事間的走動叫停

有一些明顯的特徵可以說明你識別這些負能量的同事，比如說話前總要環顧四周，喜歡在茶水間竊竊私語等。另外一個最明顯的信號，就是開頭經常說一句「跟你說件事，別告訴別人啊……」如果你不想捲入負能量漩渦，那就趕緊躲開。因為這有可能給你帶來巨大的破壞力。

5. 在公共平台抱怨叫停

很多人喜歡在社交軟體上溝通，而不是面對面交流。我就曾收到一位學員的求助，她說自己正和朋友發微信抱怨上司，卻不小心把訊息錯發給了上司本人，由於當時並未察覺，等發現後已經沒有辦法撤回信息了。更有甚者，會在郵件、內網、微博、微信朋友圈等公共平台上抱怨。在此，我真誠地奉勸大家，這種讓人尷尬的行為還是少些為妙。

騰訊聯合創始人張志東就曾在一次內部年會上說：「10年前，大家只會在吃午飯的時候說一下公司的八卦，但不會在郵件或者博客裡說這些，所以資訊發酵、變形的速度基本等於『口耳相傳』的速度。但今天，訊息很容易被添油加醋，再迅速發酵、變形，每個人低頭看手機的瞬間，可能就是一次訊息再次加工和傳播的過程。這個速度比原來快太多，很多企業都來不及反應，企業越大，受到的影響也就越大。」

試想，企業尚且如此，如果這些影響放在個人頭上，其壓力可想而知。惡意的抱怨給人們帶來的負面影響不言而喻，更別提在公眾平台上抱

怨了，這種舉動只會讓更多的人認為你是個需要被遠離的人。**一定要記住：當面批評，背後誇人，不要抱怨。**

期待大家都能像著名的心靈導師威爾・鮑溫（Will Bowen）建議的那樣——不抱怨。不抱怨會讓你不由自主地快樂起來，而這種快樂讓你更容易吸引那些積極向上的人，並如此正向循環下去。

第三節

午間構建你的人際關係網絡

為什麼成功人士都喜歡將會面時間定在13:00

行銷策劃專家徐大偉曾寫過一篇文章，提到他有一段時間接連拜訪了多位各行業的領軍人物。這些人有一個共同特徵就是忙，所以約見他們很難，但他們又都喜歡將會面時間定在13:00。

一般企業中午休息時間大多在12:00~13:30，但上述成功人士在13:00就已經開始進入工作狀態，他們會刻意預留時間，用來進行難得的工作會面，而且從不拖延，極為高效。

得到App副總裁、「邵恆頭條」的主理人邵恆也分享過自己的一段經歷。她剛剛接手這檔日更欄目時，曾去請教得到總編輯李翔關於該節目製作的建議，李翔告訴她：「一定要形成自己的工作節奏，比如每天固定在早上9:00~11:00流覽新聞，下午固定在13:00~16:00寫作。」

從某種意義上講，這種習慣和規劃與那些成功人士喜歡在13:00約會的做法有些許相似之處，反映的都是他們在時間管理方面的能力，既順應了其「時間節律」，維持了時間秩序感，又妥善處理了外部合作需求，提升了時間利用率。

利用中午的時間，維護關係網絡

除了主動規劃時間，他們還會主動走出去。

2000年，李開復被調回微軟總部，出任全球副總裁，他當時從未在總部從事過管理工作。他覺得要幹好這份工作，就需要和員工多溝通，多傾聽員工的心聲。所以，他每週會選出10名員工，與他們共進午餐。

在吃飯的時候，他會讓每個人分別說一件在工作中遇到的最興奮和最苦惱的事情，然後邀請對方提出問題，並一起尋找最好的解決方案。吃過飯後，他還會立即發一封電子郵件，把自己聽到了什麼、哪些是現在可以解決的、哪些是未來才能解決的、什麼時候能解決以及什麼時候能看到成效等，回饋給大家。

他認為這種溝通方法非常有效，至今仍經常使用。現在，他的溝通對象不僅有員工、同事，還有合作夥伴和朋友。

物理學家理查・菲利普斯・費曼（Richard Phillips Feynman）也經常在午餐時間與他人「約會」。當時和他一同在普林斯頓大學工作的都是各領域最厲害的人，他們每天中午都在餐廳吃飯，但可謂物以類聚，人以群分，午餐時間一到，物理學家與物理學家坐在一起，生物學家與生物學家坐在一起。最開始，費曼也只和物理學家坐在一起，但後來他給自己安排了一個特別的「體驗課程」——要求自己和每個學科的專家坐在一起吃兩週午餐，且每兩週換一個領域。這一「體驗課程」幫助他涉獵了許多不同領域。

的確，我們還可以利用中午的時間建立自己的人際關係網絡。

這些人際關係網絡不僅可以涉及內部上司、同事、員工，還可以涉及跨行業、跨專業的導師、專家甚至客戶、股東、朋友等。這些人際關係網絡將成為我們處理內、外部關係以及事務的重要資源，甚至在個人發展與戰略發展方面起到至關重要的作用。另外，關於人際關係網絡構建的內容，我會在第五章第三節詳細展開。

喚醒時刻

你打算利用中午的時間與哪些人建立關係？為什麼這些人或者這些關係對你來說這麼重要？

你打算什麼時候開始行動呢？

午間約會也要「斷捨離」

當然,你也不需要每天都要把自己的午間時段排得滿滿的。騰訊前副總裁吳軍曾經開玩笑說,他在騰訊時,每天請他吃飯的人都要排隊預約,一週14頓的工作餐(午餐和晚餐)總是被排得滿滿的。他感嘆道:「那時候,想要獨自喝上一口清粥,簡直是一種奢望。」

如果你一天難得停下來休息,那麼你可以選擇在午間給自己留出一段獨處的時間,不一定非要刻意地讓自己「合群」。

有時候,做自己更重要,畢竟,當周圍的人都清楚地知道你的做事風格和處事方式時,他們也會調整自己來適應你。就像曼聯前主教練亞歷克斯・弗格森(Alex Ferguson)對自己的要求那樣:除個別情況外,從不接受午餐邀請,尤其是那些需要開車往返3小時的飯局,他一定會乾脆地拒絕。

我們既要善於維繫人際關係,也要能對約會「斷捨離」,這也是啟動「休眠關係」的一種方式。「休眠關係」說的就是那種即使長時間不聯繫,在突然聯繫上之後可以像被喚醒的火山再次噴發一樣活躍起來的關係。

這種關係相當於我們的弱連接關係,雖然溝通和互動的機會相對較少,但同樣極具價值。

本章要點

- 午休時間是修復時間。
- 小憩是小睡，一天中不同時段內的主動小憩、多次小憩可以幫助我們恢復精力。如果你睡不著，可以運用「2分鐘熟睡法」訓練自己快速入睡。
- 不是所有人都適合小憩，你還可以運用「12315法則」，通過聊天、補水、曬太陽、冥想、散步、運動或切換任務等方式，幫助自己修復精力。
- 聊對八卦可以為你增值，有助於建立良好的職場人際關係。當然，你還可以運用「高峰訪談」正確地聊八卦。
- 聊八卦也有禁忌，建議你務必遵守「五不五停」原則。
- 你還可以利用午休時間建構人際關係網絡。
- 不管午休時間做什麼，關鍵是要找到自己的「時間節律」，維持秩序感。

下午篇

第四章　協作的下午

協作不僅僅是與他人協作，還要學會與自己、與時代協作。

如果你熱愛工作，你每天就會竭盡所能地力求完美，不久之後，你周圍的每一個人都會從你這裡感染這種熱情。

——山姆・沃爾頓（Sam Walton）

第一節

新型協作模式，賦能組織發展

現在，我們已經經歷了一上午的專注訓練，也經歷了中午的休整啟動，我希望下午的你又重新煥發了活力，並擁有飽滿的狀態。那麼，身處職場的我們又該如何利用好下午的時間進行自我管理呢？

在開啟下午的正式篇章之前，我想先跟你聊一聊，我們現在正處於怎樣多變的新型組織形態下，以及我們應該如何適應當前的環境並在這種多變的組織形態下，通過時間管理實現超越，引領自我與組織發展。

有人可能會問，談時間管理為什麼會談到組織形態呢？別忘了，作為職場人，我們都依存於組織這個平台成長和發展，但隨著科技的發展和組織形態的轉變，我們所處的職場環境也在發生著重大變化。

在不同的組織形態下，職場人面臨的機遇和挑戰也不同，要想在職場中出類拔萃，憑藉腦力勞動這單一要素是不夠的，還要知道如何賦能他人、賦能組織，為組織、為行業，甚至為社會創造價值。

在新趨勢下，加速成為「ICO型」人才

談到組織形態，就不得不提到以下3種獨具代表性的組織模式。

第一種是蜂巢型組織模式。

這種組織模式的典型特徵是，組織中的每個個體都是超級個體，都有

獨立的思想和超強的個人能力。在這種組織形態中，沒有統一的領導者和決策者，大家依靠各自的意識和能力聚集在一起，每個人都極為忠誠、勤奮、富有創造力且無須管理就可以自我驅動。

在蜂巢型組織模式下，每個人都有獨特、鮮明的個性，都可以做真實的自己。當然，你也可以把這種模式理解為超級個體型組織，組織中的每個人都是各自領域中的能力最強者。

第二種是平台型組織模式。

與傳統組織模式相比，平台模式更為智慧、敏捷、靈活、開放。其特性還包括能夠賦能個體，並且講求創新。

當蜂巢模式中的超級個體依託平台模式形成合力時，也就具備了系統的組織關係。當然，我們還可以借由一個眾所周知的原則更加準確地詮釋這種模式，那就是：「**建構平台的基礎在於平台上聚集著一群超強個體，而每個個體又依託平台彼此賦能，繼而賦能平台，讓組織變得更為強大。**」

不同的是，這裡提到的平台模式不再單純地指一種組織形態，更多的是一種提供資源、工具、服務的動態化生態網絡，每個個體都將參與平台的共建共用，並在平台組織的運作下，加速自身成長，且賦能平台發展。

第三種是指數型組織模式。

較傳統線性組織而言，指數型組織雇用的全職員工總數、擁有的實體資產總量，甚至投入的擴張資本總值等，普遍較少，但其發展速度、盈利速度或是資料資訊規模等，卻呈指數級擴張式增長。正如摩爾定律[16]一

---

[16] 摩爾定律是由英特爾公司創始人之一戈登・摩爾（Gordon Moore）提出的，這一定律揭示了資訊技術進步的速度：當價格不變時，積體電路上可容納的器件的數目，每隔18~24個月便會增加一倍，性能也將提升一倍。

樣，指數型組織同樣具備成倍高速增長這一特性（這與線性組織完全相反），除此之外，指數型組織普遍野心勃勃且擁有宏大的目標。

- 谷歌：管理全世界的資訊。
- 阿里巴巴：讓天下沒有難做的生意。
- 特斯拉：加速世界向可持續能源的轉變。
- 臉書：讓世界連接更緊密。

正如首位提出「首席指數長」這一概念的美國奇點大學創始執行理事薩利姆‧伊斯梅爾（Salim Ismail）在其著作《指數型組織》中說的，「如果一家公司的眼界很窄，那它就不太可能會追求能實現高速增長的商業戰略。」

當然，除了關注組織內部以及宏大的目標，指數型組織還集合了組織外部的趨勢、資源、市場乃至百萬、億萬大眾群體的力量等，所有這些要素都是指數型組織增長的關鍵。

在這3種組織形態的驅動下，未來能夠適應並引領組織發展的，正是這種**集蜂巢式（超級）個體、平台化協作、指數型增長**為一體的新商業模式，而在這種新商業模式下生存、發展的職場人必將獨具競爭優勢。

我把這些特質中的共性元素提煉出來，將具有這些共性元素的人才**稱為「ICO型」人才**，如圖4-1所示。

「ICO型」人才

獨立：Independent
協作：Collaboration
共贏：Our Win-win

▲ 圖4-1 「ICO型」人才的共性元素

喚醒時刻

「ICO型」人才的特質是新商業環境下企業對職場人的典型需求，而你是否具備「ICO型」人才特質，代表你自己「ICO」指數的高低。不如使用下面的問卷，測一測自己的「ICO」指數吧。

問卷共有20個問題，每個問題打分標準為1~5分，1分最低，5分最高，滿分100分。開始測試吧，期待你的結果！

題目	分數
(1) 你對部門或組織近期和長期的發展方向、使命非常清晰	1 2 3 4 5
(2) 你非常熱衷於共建部門或組織，並以賦能其發展為使命	1 2 3 4 5
(3) 你對自己當下在做什麼和將來要做什麼非常清晰	1 2 3 4 5
(4) 你明確知道自己為什麼選擇做現在和未來的事情	1 2 3 4 5
(5) 在做事的時候，你清晰地知道可以從哪裡獲取動力	1 2 3 4 5
(6) 你明確地知道自己和他人相比，有哪些與眾不同的特質	1 2 3 4 5
(7) 不管做任何事情，你都清晰地知道自己最關注什麼	1 2 3 4 5
(8) 你總是能在不確定的情況下做出相應的決策	1 2 3 4 5
(9) 你在橫向分工協作中總是遊刃有餘	1 2 3 4 5
(10) 你喜歡能夠讓人學習、思考、成長且給人自由的工作環境	1 2 3 4 5
(11) 你渴望擁有更宏大的目標和深度參與的機會	1 2 3 4 5
(12) 你不希望被限制，渴望嘗試多種任務	1 2 3 4 5
(13) 你能站在高維度看清方向，又能敏捷、務實地解決問題	1 2 3 4 5
(14) 你會重新審視與競爭對手的關係，並善於把他們發展為合作夥伴，甚至是朋友	1 2 3 4 5
(15) 你常常能找到破局點，善於整合內外部資源，全力投入	1 2 3 4 5
(16) 你更注重賦能、利他、共贏，並著力營造這樣的氛圍	1 2 3 4 5
(17) 你能夠充分影響他人，並調度相關資源	1 2 3 4 5
(18) 你善於分析、計畫、實施，並善於對關鍵細節進行必要的管控	1 2 3 4 5
(19) 你能夠放下一切固有和確信的想法，嘗試新的方案	1 2 3 4 5
(20) 你希望自己不斷變化，希望自己的能力、意識等呈指數級增長	1 2 3 4 5

統計上述問題的得分，你的總得分：＿＿＿＿＿＿＿。

🐦 **【得分說明】**

- 得分為「65~100」，說明你是一個典型的「ICO型」人才，你不但立志將自己培養成一個「超級個體」，還希望與其他「超級個體」很好地聯結、協作，最終促成共贏的局面。
- 得分為「35~64」，說明你是一個具有「ICO」潛質的人才，你可能正在將自己培養成一個「超級個體」，也可能更熱衷於成為一名善於聯結、協作的人才，總之，你願意創造共贏的局面。
- 得分為「0~34」，說明相較於多變的環境、更大的責任或者更多的挑戰而言，你更喜歡或者享受相對穩定的模式，這也意味著你需要主動邁出一步，才有可能滿足新時代的特定需求。

這是一份即時問卷，你可以每個月測試一次，一共18次，也就是在一年半的時間裡，看看自己會有什麼變化，趨勢如何，並將得分記錄在圖4-2中。相信隨著你不斷刻意練習、不斷堅持「ICO型」人才的習慣，你會有意想不到的收穫。

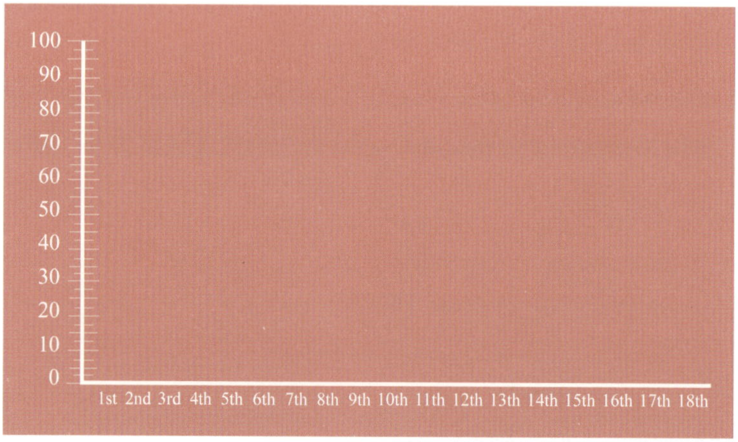

▲ 圖4-2 「ICO型」人才自測表

3個心法，助力你從「做」到「成為」

不管是「ICO型」人才還是其他人才，都只是名稱不同而已，你甚至可以為這些特質重新命名。我希望引起你思考的關鍵是：作為一名優秀的職場人，你應該在快速發展的新趨勢下具備相應的特質。

不難發現，在眾多特質中，我們首先要讓自己成長為超級個體。接下來，讓我們來看看，在成長為超級個體的過程中，我們還需要著重訓練哪些能力與樹立哪些意識。眾所周知，一個人只有很好地處理及解決問題，其不可替代的價值才能得以彰顯；而一個經常幫助上司解決難題的人，也常常是最先得到青睞和提拔的。與此同時，在真實的職場中，還存在下面這兩種情形。

第一種，看似坦誠，實則「甩鍋」。

在職場中，在竭力尋找解決方案和竭力尋找藉口的員工之間，還存在另一類人。這類人在遇到問題時會看似坦誠地對上司說：「您看怎麼辦？」

這種坦誠看起來比找藉口好一些，事實上，「您看怎麼辦」的潛台詞可能是：這是件麻煩的事情，還是您親自解決吧。

第二種，看似負責，實則攬責。

一般而言，晉升到管理層的人都是業務能力極強者，但這也引發了另一個弊病：管理者，尤其是新晉管理者，總喜歡凡事親力親為，不給他人機會。他們覺得將事情交到其他人手上不放心，還不如自己三下五除二，做完了事。

正是由於這兩種情形的存在，現實中很多管理者都在有意無意地充當

著「幫助者」的角色，而員工則成了「被幫助者」。實際上，不論是「幫助者」還是「被幫助者」，都要在成長的過程中學會獨立。

相對而言，獨立對於「幫助者」來說挑戰更大。

其實，幫助別人是人的天性。我的小女兒在這一點上的表現極為典型。在她還只會牙牙學語，走路都不利索的時候，就開始想要幫助別人了：給你遞一張紙巾；把玩具塞到你的手裡；跟跟蹌蹌跑過來，只為幫你丟掉桌旁的垃圾……實際上，在天性的背後，幫助別人所產生的「被需要感」才是我們真正的訴求。

在成年人的世界裡，這些「被需要感」則表現得更為多元：幫助別人做決策；幫助別人解決難題；幫助別人做原本應該他們自己完成的事情……殊不知，每一個人都需要獨立。

每個人都需要獨立

只有敢於放手，壓抑自己的控制欲，才能換來雙方真正的成長。那麼，如何幫助你和你的「重要他人」獨立，從而獲得系統性成長呢？

結合威廉‧安肯企業管理顧問公司首席執行長威廉‧安肯三世（William Oncken, III）研發的「安肯自由量表」，我將人們在個人發展和成長過程中經歷的階段進行了進一步拆解，將其調整為6個階段，這6個階段分別對應「做」（Doing）和「成為」（Being）兩個層級，呈金字塔成長模型，如圖4-3所示。

1. 做（Doing）：關注事情，為事情和任務本身工作

在金字塔成長模型中，最下面的①～③這3個階段只聚焦於做事情，只為事情和任務本身工作。

處在這3個階段的人們，要麼等待，要麼請示，要麼只是為了做而做，雖然他們也可以很好地完成任務，但他們的行動只停留在執行層面。

2. 成為（Being）：關注未來，為價值和意義工作

而上面④~⑥這3個階段，則聚焦於成為什麼樣的人，並為價值和意義工作。

處在這3個階段的人們，能夠主動思考，主動行動，願意提出建議，能夠獨立承擔責任，同時，還能做好向上管理。

當然，在我們剛剛踏進職場，晉升為管理者，或者剛剛開始負責某個新業務或專案時，仍然可能會處在「做」的階段，但對於那些優秀的職場人而言，他們能夠比其他人更快地讓自己從「做」切換到「成為」。

他們清楚地知道自己需要為價值和意義工作，而不是周而復始地重複和執行，這也是人與人最終拉開巨大差距的根本原因，畢竟人們處在哪個階層就會呈現那一階層特有的表現。

▲ 圖4-3　金字塔成長模型

要知道，想要跨越階層真正成長，最重要的就是行動起來，突破自己。當你既清楚要做什麼，還清楚為什麼要做的時候，才能真正創造價值。

使用「WWW EBI」有效回饋，賦能成長

回饋是溝通過程中重要的一環，但在現實情況中，大多數回饋不僅不能幫助人們做得更好，反而成為製造阻礙的主要因素。如何給出回饋，成為管理學界一項重要課題。

從效果維度來分類的話，回饋至少可以分為兩種：無效回饋和有效回饋。無效回饋雖然花費了時間，投入了精力，但沒能給他人帶來積極、正面的價值，更無法起到幫助他人進步的作用。而有效回饋不同，對於成長和發展而言，有效回饋絕對是實實在在的加速器和助燃劑。

想要給出有效回饋，就要清楚有效回饋都有哪些特徵。

1. 有效回饋需具備的5個特徵

(1) 有效回饋側重事，而非人。

很多人都聽到過這樣的評價：「你太笨了」「你太無能了」「你太沒用了」……這些回饋全部側重於人，而非事情或行為本身。許多管理方法之所以無效，在很大程度上就是因為缺乏管理溫度，陷入這種典型的「攻擊人」的回饋方式中。一旦我們因為某個人的某次行為就下定義說「這個人不可靠」，就相當於對這個人進行了全盤否定。

正如印度哲學家吉杜・克里希那穆提（Jiddu Krishnamurti）所說：「人類智慧的最高形式，就是不帶評論地觀察。」我們既不能這樣定義自己，也不應該如此評價他人。這也是我們總在強調「表揚可以對人，但批

評一定要對事」的原因。

比如,部門的某個下屬總是在週五下班時才把任務結果提交給你,這種做法讓你很惱火。有效回饋就應該針對他「不到週五下班不提交工作」這個行為展開。從事情出發,讓他清晰地知道你的時間界限以及對他的期待和要求,從而讓他按照雙方達成共識的合作模式共事。

(2) 有效回饋要積極正向。

用積極的內容開場,人們就不會認為你是在攻擊他們,他們也更願意聽取你的回饋,樂於接受新的解決方案。

你也可以使用這樣的表達方式。

> 比如,「通過剛才的談話,我發現你很有想法。所以,我很好奇,在你提出的這些想法中,有哪些是比較可行又能馬上著手去做的呢?」
>
> 再比如,「我非常期待你能夠保持上個月的良好表現,這也是在出現這個事故時,我第一時間來找你聊的原因……」

(3) 有效回饋要準確量化。

有效回饋的目的在於讓對方非常清楚地知道你要表達什麼以及他該怎麼做。

如果你說「我不喜歡你的演講報告」,對方就完全不知道怎樣是好的,應該從哪些方面入手進行調整。而如果你說「我看不懂你報告中羅列的資料」,對方就會知道他們應該去調整資料。

有效回饋一定要準確、具體,給出細節,並以真實為前提。

(4) 有效回饋要有正負比例。

既然是回饋，就有正向與負向之分，正向回饋通常比負向回饋更有效，並且更容易鞏固關係。因為有效回饋多是從對的方面入手，引導正向行為。需要注意的是，這和我們之前提到的「回饋要積極」不同，前者聚焦於狀態的積極引導，後者則專注於結果的正向達成。

當然，現實中確實有一些人通過獲得「負向回饋」取得了不錯的成績，我的一個朋友就是如此。他從小在充滿「負向回饋」的環境中長大，當被人質疑「你就是做不到」的時候，他的倔勁兒就會被激發，立志一定要做出個樣子證明給對方看。這種方式確實造就了他不屈不撓的品格，他也因此贏得了不少鮮花和掌聲。但在我與他私下交流時，他說，這樣的方式曾一度使他陷入嚴重的自我懷疑，也確實給他留下一些不可彌合的心理創傷和遺憾。

不可否認的是，負向回饋確實會產生一定的激勵作用，若是處理得當，也確實是一次拉近彼此距離的好機會，所以，負向回饋也不應該被完全捨棄。

我的建議是設計一個3：1的回饋比例。也就是說，當給自己或他人回饋時，參照3個正向回饋加1個負向回饋的做法（比如我們下面講到的「WWW EBI」法）。

當然，你也可以為自己設定一個對你有效的回饋比例：

_____（正向回饋）：_____（負向回饋）。

(5) 有效回饋要專注於問題，觸發行動。

每個人思考的方式不同，不當的建議很容易把雙方推至對立的局面，甚至導致對話戛然而止。更何況，界限感是每個人的客觀需求，人們有權決定自己做什麼，不做什麼。所以，有效回饋只專注於問題，通過問題幫

助人們自己尋找答案並觸發行動。

比如，你可以問問對方：「你覺得現在可以做些什麼？」「你希望得到什麼結果？」「你打算什麼時候開始行動？」

需要再次提醒的是：人們有權自行做出行動決定。

2. 使用「WWW EBI」法有效回饋

正如我們剛剛提到的，有效回饋不僅僅需要積極、正向的引導，還需要有一定的正負比例，以便讓自己或對方注意到那些被忽略的「喬哈里窗」[17]現象，從而更有針對性地改進和提升。

在這方面，推薦你使用「WWW EBI」這一教練回饋方式，即「What worked well……？ Even better if……？」翻譯成中文就是：「在這項任務／事項中，哪些是做得好的？還有哪些是可以做得更好的？」這種方法也被教練界稱為：進階版的「三好一改進」回饋方式。

- 「三好」對應的是：「WWW」（What worked well……），即3個做得好的地方。
- 「一改進」對應的是：「EBI」（Even better if……），即1個可以做得更好的地方。

---

[17]「喬哈里窗」也稱喬哈里視窗（Johari Window），最初由美國心理學家喬瑟夫·勒夫（Joseph Luft）和哈里·英格拉姆（Harry Ingham）在20世紀50年代提出。這個理論將人的內心世界比作一扇窗戶，它有四格，其中公開區（Open Area）是自己知道、別人也知道的資訊；盲目區（Blind Area）是自己不知道、別人卻可能知道的盲點；隱藏區（Hidden Area）是自己知道、別人卻可能不知道的秘密；未知區（Unknown Area）是自己和別人都不知道的全新領域。

為什麼說是進階版呢？因為「WWW EBI」與傳統「三好一改進」回饋方式的區別在「EBI」這一環節。「EBI」的精髓在於引導人們思考並尋找更好的解決方案，而不是直接回饋說「你有一個地方做得不好，需要改正或調整」。

比如，你在年度會議上發表了下一年的工作規劃，傳統「三好一改進」的回饋方式可能是：「你的演講能力真不錯，報告的邏輯清晰明瞭，資料翔實、分析深刻（三好），只不過，做PPT的功底差了些，我看得真頭昏（一改進）。」

而使用「WWW EBI」方式，我們就可以這樣表達：「你的演講能力真不錯，報告的邏輯清晰明瞭，資料翔實、分析深刻（WWW），如果PPT能夠設計得再簡潔明瞭一些，那就太完美啦（EBI）！」

當然，「WWW EBI」回饋方式仍然需要基於我們剛剛提到的5個特徵展開，不同的是，這一方法聚焦於激發人們更好地表現，使其更加出色，並且能夠更有方向、更清晰、更明確地付諸行動。

「WWW EBI」方法還可以用於個人每日複盤，也就是第二章提到的「24小時時間導航」中，來幫助我們每天保持積極進取的狀態。另外，我們後面還會講到「複利式複盤」這一從系統維度進行複盤的方法。兩者的區別在於「WWW EBI」專注於提升與精進；「複利式複盤」著眼於系統及複利，你完全可以按照具體的需求有針對性地選擇和使用。

🐦 **喚醒時刻**

邀請你在一天結束之後為自己進行複盤，幫助自己更加出色。

WWW：我今天做得好的3點是什麼？（What worked well……）

1. _____

2. _____

3. _____

EBI：還可以做得更好的是什麼？（Even better if……）

_____

_____

_____

不設限、不貼標籤，建立自信更重要

1. 不要貼「身分類」的負面標籤

在阻礙個人成長的關鍵因素中，與外在的干擾相比，內在的干擾佔有更大的比例。其中，「自我設限」和「給自己貼標籤」就是兩種典型的需要避免的做法。

自我設限有一個典型的表現就是給自己下定義、貼標籤，認為自己「這也不行」「那也不對」「什麼都做不好」，事實上，貼標籤要不得，貼負面標籤更要不得，貼「身分類」的負面標籤最要不得，對於他人也是如此。

負面標籤很好理解，它意味著給自己或他人做出了某種消極的歸類，

而「身分類」的負面標籤則是給自己或他人的身分進行了負面的定性，意指「你就是這樣或是那樣的人」。

正如我們此前強調的，「你就是×××人」這類表述在負面評價中是最具殺傷力的。

比如，某項計畫沒有完成或完成得不理想，你自我定性為：「我怎麼這麼沒用，我就是一個無能的人。」

再比如，下屬在參加重要會議時說錯了話，導致你被上司狠狠地批評了一頓，你大為惱火，忍不住對其進行譴責：「你怎麼總是說錯話，你就是一個不會講話的笨蛋！」

類似這樣的定性就是典型的給自己或他人貼「身分類」負面標籤的行為。這種行為不但無法幫助任何一方找到真正需要提升和改進的地方，嚴重的話，還可能演變成一個人看待世界、看待他人的畸形視角。

請記住，一定要讓自己更積極、正向地看待自我和他人，多從事情本身出發，研究做事的方式方法，總結經驗，吸取教訓，而不是對自己和他人的人性進行批判和抨擊。

無論情況是否在掌控之中，千萬不要一味地貶低和否定，而要學會保持積極的態度，正向地激勵自我與他人。

2. 幫助自己和他人樹立信心

我曾經看到這樣一個真實發生的故事，它讓我深思良久。

我曾經服務的一家公司離球館很近，由於便利，大家時不時地

會去打上幾場球。有一次，我在球館遇到了幾位前同事，其中一位還曾被部門上司定義為名副其實的「問題員工」。

我留心觀察了他，他打球很棒，投到好球時還會興奮地手舞足蹈。這讓我聯想起他之前在工作中的表現，也讓我開始思考一個問題：為什麼很多人在工作的時候興奮不起來呢？

很多公司的管理者為了樹立自己的威嚴和威信，會千方百計地在員工身上挑毛病。最常見的做法之一就是打壓員工的自信心，讓員工覺得自己做的很多事都非常愚蠢。

殊不知，**人們最大的動力來自自信，而打擊對方的自信，相當於擊垮對方最後一道防線。**

幫助自己和他人建立自信可以通過每天給自己一個有效回饋，或是運用「WWW EBI」方法逐步實現。值得提醒的是，**再小的成功都值得慶祝**。每一個小小的里程碑，都是幫助我們建立自信的關鍵，正如那個打球很棒的同事，相信他也是在打出一個個好球，給自己一次次激勵後，自己的球技才得以逐步提高。

這一點在父母鼓勵孩子時表現得淋漓盡致：孩子第一次翻身、第一次會爬、第一次站起來、第一次學會走路、第一次騎自行車等，都會收到來自父母不同程度的讚美和鼓勵。

這些「歷史性時刻」其實只不過是成長中的微小瞬間，但正是這些讚美和鼓勵，才讓孩子在這些微小瞬間中獲得了成就感，從而建立了自信，不斷激勵自己成長。

在每個人從「做」到「成為」的過程中，這3個心法非常重要，這不但關乎我們如何賦能他人，更關乎我們自己如何成長。

從超級個體到良性協作，還要避免5個誤區

在《至關重要的關係》一書中，領英的創始人兼執行董事長里德‧霍夫曼（Reid Hoffman）告訴我們：「任何一個人，都能夠也應該像管理公司一樣管理自己。」當公司裡的每個人都能做到自運轉時，這家公司才有可能良性運轉，進而成為一個有生命力的生態系統。

自運轉代表獨立，人與人之間的配合考驗的則是協作，協作也是整個系統得以搭建和運轉的核心，只有真正具有協作能力的人才能獲得足夠的系統效率。

想讓每一個超級個體實現良性協作，我們還需要注意避免陷入以下5個誤區。

1. 把「管理」當管家

一直以來，我都遵循一個原則——弱化我的存在，這一原則也是我在管理團隊時反覆提及的。這句話的實際意義是弱化管理者的存在，甚至是弱化領導者、創始人的存在。

這個我一直用於自我要求的管理準則，來自「洛伯定理」（Lober Theorem），它是美國管理學家洛伯（Lober）提出的。其核心的觀點是：「對管理者而言，最要緊的不是你在場時大家做了什麼，而是你不在場時發生了什麼。」當你不在場的時候，人們如何完成工作，如何相互協作，尤其是如何應對關乎企業命運的突發事件……這些才是真正的考驗。

正如橋水基金的創始人瑞‧達利歐（Ray Dalio）在《原則》一書中所提到的：「出色的管理者重視協調，而非親力親為。」

所有管理者都應該且必須刻意創造這樣的機會，讓員工真正主動、自發地投入工作。同時這也是在構建一個重要的系統：當每個人都被如此「刻意」訓練並順利「畢業」後，系統才能良性、持久地自運轉。

2. 把「能做」當能力

摒棄之前的模式並不容易，人們之所以會不自覺地主動選擇那些自己曾經做過且更擅長的事情，是因為正回饋循環中的獎勵機制在發揮作用。每個人都需要被認可、被讚揚，當我們不斷被事情完成後產生的喜悅所激勵時，我們就會產生更強的滿足感，讓我們沉浸其中。

我們誤以為這些擅長的事情，就是最有價值、最重要、最值得花時間去做的事情，越是擅長就越做，越做就越不願意放手，以至於遮擋了自我客觀認知的視線，低估了他人的能力，甚至引發「達克效應」（D-K effect）[18]，讓自己陷入「能力陷阱」。值得提醒的是，==並非所有你能做（擅長）的事情，都是提升你能力的事情==。

當然，這並不是要讓你在工作時挑三揀四，真正的目的在於讓你建立刻意尋求突破的意識。正如我們在第二章第五節中提到的那樣，我們和我們的「重要他人」一樣，都亟待被訓練。

==強迫自己和員工做困難的事情，對大家都有幫助。==

---

[18] 全稱為鄧甯–克魯格效應（Dunning-Kruger effect），是一種認知偏差現象，是指能力欠缺的人在自己欠考慮的決定基礎上得出了錯誤結論，但他們無法正確認識自身的不足、辨別錯誤行為。這些能力欠缺者沉浸在自我營造的虛幻的優勢之中，常常高估自己的能力水準，無法客觀評價他人的能力。

3. 把「局部」當全部

當身處某個位置、負責某個項目,甚至承擔生活中的某個角色時,很多人都會自然地把自己放在中心,運用自我視角或某個單一視角看待問題,甚至把局部誤判為全部。

劉潤教授就曾在他的線上課程《商業洞察力30講》中提道:「局部思維者的典型表達方式是『其他的我不管,這才是最重要的』。」這種局部思維極大限制了我們看待事物的角度,極容易把我們置於「局部真實」的假象中,且無法幫助我們清晰地瞭解多維,甚至高維的真實世界裡正在發生什麼。

真正的高手善於找到並把握關鍵局部,同時又關注全域,最後進行突破性攻克。所以,適當抽離,用多維的視角反向分析與觀察,當觀察的角度與思考的維度更加多元時,你才能更加客觀地給出相對合理、恰當的解決方案,這相當於把局部優勢聚合成為全部優勢,也將有助於與「重要他人」協同,贏得他們的認可與支持,拿到多方滿意的結果。

每一項微小的事務都是在一個大系統中運轉的,它們與整個系統相互影響,而每一個系統之外永遠有更大的系統存在,所以,千萬不要因為局部最佳,就失去對全域的優化和把控,同時,還要學會把區域變數拿到全域中分析、評估。當然,我們還會介紹「迪士尼策略」,幫助你運用策略和工具實現這一點。

4. 把「集權」當授權

除了和優秀的管理者、領導者溝通,我還採訪過他們不少下屬,詢問其在某一個專案或某一件事情上,自己的上司是否充分授權。這一問題的答案常常是否定的。這並不奇怪。從專案管理的角度而言,管理者確實需

要對關鍵節點、關鍵事項，甚至對專案中的細枝末節進行管理、把控，但這並不意味著管理者不需要充分授權。

正如谷歌公司宣導的「適當休假並讓其他人補上空缺，以確保每個人都有機會得到很好的鍛鍊」那樣，適時脫離現在的崗位看一看，讓自己有機會抽身去挑戰和處理那些更有難度且更重要的事情。

現在，優秀管理者已經不再需要以指示或控制他人的人自居，而要擔任教練、助推者的角色，給員工提供適當的指導和支援，讓每一個員工都勇於承擔自己的責任並主動承諾投入，這才是我們需要訓練的核心。當責任從你身上卸下、真正成為對方的責任時，協同才會真正發生。

請記住，要學會把你的「重要他人」從「手腳」變成「頭腦」。

5. 把「圍牆」當開放

在我的職業生涯中，曾有一段特別割裂的經歷，說割裂是因為對於一個具備「ICO型」特質的人而言，在資訊阻隔的環境中工作真的非常具有挑戰性。資訊的不通暢讓很多事情無法呈現全貌，以至於人們總是難以高效地取得滿意的結果。

這種企業文化帶來的副作用非常明顯，你會看到每個部門、每個人都在悶頭做自己的那點事情，相互不交流，就連本部門內部的資訊都不通暢，組織效率更是極為低下。可怕的是，這並不是因為需要秘密開發一條業務線、技術線或產品線所刻意採取的策略，而是這家公司的常態。

當然，我必須特別聲明，這家公司的每個人都非常積極上進，他們不是不願意相互溝通，而是不知道需要溝通。這聽起來可能有點匪夷所思，但在許多企業、團隊中真實存在。

再強調一下，如果涉及企業的商業秘密，只能允許少數人參與並知

曉，這樣的任務採取密閉策略是毋庸置疑的。但如果企業中的每一條資訊都被封鎖起來，只會導致每個人都只悶頭關注自己眼前的小事、小利。

人沒有大局觀，自然無法預見更系統的問題。這就像數位經濟之父唐・泰普斯科特（Don Tapscott）所說：「==失敗者建立的是有圍牆的花園，而成功者建立的是公共的場所。==」員工眼中沒有長遠的目標，企業又何談長遠發展？

對外同樣如此。早在2017年，得到就在不斷反覆運算《得到品控手冊》，截至2020年5月26日，得到已經更新並發佈了《得到品控手冊6.0》，並且任何人都可以免費下載。得到創始人羅振宇說：「這是一個開源計畫，歡迎同行們來學習，因為這個策略可以幫助我們繼續做更好的精品，繼續推動頭部產品升級。」

不管在企業發展中，還是在個人發展中，切記，不要把「圍牆」當開放。新時代的競爭甚至跨界競爭從來不是圈地為王，而是協同共贏，賦能前行。

運用「迪士尼策略」，將不可能變為可能

不創新，就滅亡。

——彼得・杜拉克（Peter Drucker）

在新型組織以及多變的市場環境下，我們常常會面臨「剛做好計畫，下一秒就發生變化」的情景，這對任何人來說，都是一項巨大且常見的挑戰。

雖說新商業模式下的新生代都是伴隨著變化而成長起來的，每個人也

都清晰地知道「唯一不變的就是一直在變」，甚至每時每刻都在提醒自己擁抱變化，但高頻、複雜的變化還是讓人應接不暇，甚至苦不堪言。就像世界著名管理諮詢大師拉姆・查蘭（Ram Charan）在《求勝與未知》中寫的那樣：「我們這個時代的不確定性，遠遠超過了以往任何時期，無論在變化的規模、速度還是迅猛程度上，都與過去根本不在同一個量級上。」

正因為無法預測這些未知，駕馭不確定性就成了新時代的普遍性挑戰。那麼，我們該如何應對這些挑戰呢？

在我研修教練技術的過程中，有一個策略讓我受益匪淺，這也是很多優秀的企業家在面對不確定性時喜歡採用的方法，他們因此收穫頗豐，它就是「迪士尼策略」。

想要瞭解「迪士尼策略」，首先要瞭解迪士尼公司的創始人華特・迪士尼（Walt Disney）。華特・迪士尼之所以被稱為創意天才，得益於他經常使用這項非同尋常的頭腦想像策略。每當他產生一種新創意時，他就會在頭腦中扮演3個不同的角色，通過這3個不同角色的不同視角來逐步驗證，以找到實現創意最可行的解決方案，並真正實現它們。後來，國際頂級NLP大師羅伯特・迪爾茲（Robert Dilts）將這一策略開發成了教練工具，取名為「迪士尼策略」。

「迪士尼策略」是一套非常有效的頭腦想像策略，這裡的「想像」一詞來源於華特・迪士尼。這一策略的關鍵並不是去否定那些看似不著邊際的想象，而是先鼓勵頭腦中產生的任何想法，不管它們看起來多麼離譜，都只專注於通過現實的實幹主義，結合極致的批判精神反覆驗證，最終得到可行的解決方案，並將其變成現實。

策略中提到的3個角色分別是：夢想家（Dreamer）、實幹家（Realist）、批評家（Critic）。

夢想家提出的所有想像不受任何現實條件的影響和制約，也不需要顧慮它們能不能實現，夢想家只負責無限自由地暢想。在夢想家這裡，任何假設都被允許。

實幹家則帶著實幹的使命，努力實現夢想家設想的所有「不著邊際」的想像，模擬實現的過程，挖掘具體可行的行動路徑和實施步驟，想盡一切辦法將想像變為現實。

批評家只與實幹家對話。批評家像一個智者，需要將實幹家沒有考慮到的所有現實因素提取出來，提出問題，再由實幹家論證其可行性。

當然，批評家提出的批評和質疑多是圍繞如何真正實現夢想，而非進行攻擊和否定。

當批評家提出批評後，實幹家根據質疑一一回應，找到可行的解決方案。這樣做的目的是通過批評家與實幹家的反覆論證，將夢想家提出的夢想真正變為現實。

為了讓大家更好地理解，我們舉例說明一下。

馬雲「愛吹牛」這件事眾所周知，但其厲害之處在於他吹過的不少牛最後都變成了現實。這自然少不了阿里巴巴集團所有人的努力，其中，最具代表性的就是彭蕾。彭蕾曾說：「無論馬雲的決定是什麼，我的任務都只有一個——幫助這個決定成為最正確的決定。」

除了彭蕾，還有3個關鍵角色不得不提，他們分別是：蔡崇信、關明生和曾鳴，這3個人分別在1999年、2001年、2003年加入阿里巴巴，並在人、財、物、戰略方面做出了重大貢獻，從而為阿里巴巴集團的「商業帝國」奠定了堅實的基礎。截至目前，阿里

巴巴集團已成功躋身全球500強企業,並發展為國內市值最高的集團公司之一。

我們不妨運用「迪士尼策略」對應一下,在這個例子中,夢想家顯然是馬雲,實幹家是彭蕾,而批評家則是我們提到3位重要人物:蔡崇信、關明生和曾鳴。

其實,每一個人的身上都具備這3種不同角色的特質和能力,並且可以自由切換,這也是華特‧迪士尼可以一人分飾三角的原因。所以「迪士尼策略」是一項既能幫助自己跳出自我視角,拿到解決方案,又可以被運用在團隊管理中,成為實現協作共創的實戰策略工具。

瞭解了不同角色代表的意義後,我們再來看看在運用「迪士尼策略」時,有哪些關鍵的實施步驟,步驟細則如圖4-4所示。

❶ 站在夢想家的位置,想一個期待實現的夢想

❷ 來到實幹家的位置,提出具體的實現策略、計畫、方法等

夢想家 Dreamer

❼ 最後,從實幹家位置回到夢想家位置

抽離位置 Meta Position

實幹家 Realist

❹❺❻ 實幹家與批評家之間循環往復地對話,直到批評家提不出批評為止

批評家 Critic

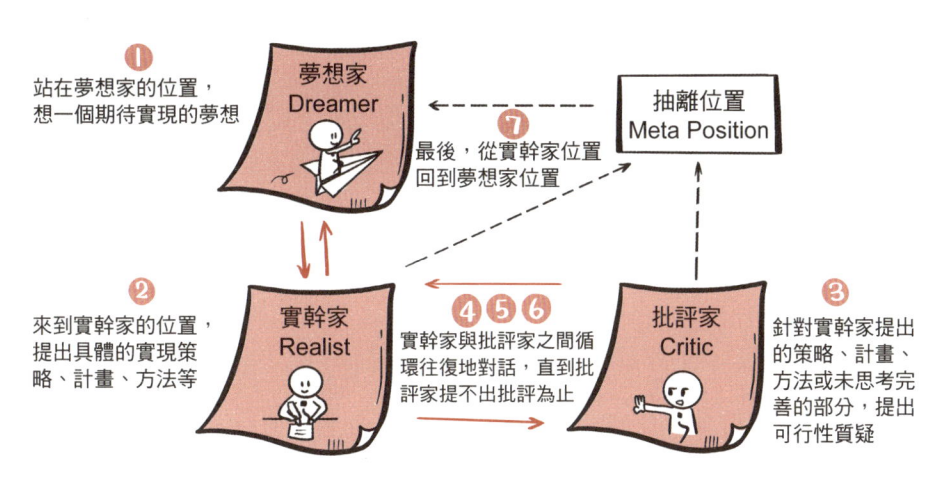

❸ 針對實幹家提出的策略、計畫、方法或未思考完善的部分,提出可行性質疑

▲圖4-4 「迪士尼」策略應用步驟

⑴ 選定一個想要解決的具體任務。

⑵ 在3張白紙上分別寫上「夢想家」「實幹家」和「批評家」。然後，將這3張紙放在地上的不同位置。如圖4-4所示，「批評家」不可以與「夢想家」在一條直線上，不可直接與「夢想家」對話。

提示：如果你將這項策略應用在團隊中，則應給人員提前進行不同角色的分工。

⑶ 先站在「夢想家」的角度，思考你最想實現什麼，夢想是什麼。你可以不受限制地充分發揮自己的想像力。在這一步驟中，最重要的就是不要自我設限，允許自己有任何想法。

團隊應用策略：請代表夢想家的成員發言或寫下自己的想法等。

⑷ 充分想像後，從「夢想家」的角色中走出來，調整幾秒。然後，代入「實幹家」的角色，集中精力思考如何實現剛才「夢想家」提出的夢想，要不斷地問自己怎樣才能做到。此時要把「做不到」等念頭拋開，專注於思考應該如何詳細執行，如何才算達成目標，由誰執行，何時完成，等等。

團隊應用策略：請代表實幹家的成員商議對策，拿出可行性方案等。

⑸ 充分思考如何才能做到後，從「實幹家」的角色中走出來，同樣調整幾秒後，代入「批評家」的角色。然後開始思考還有沒有什麼漏洞，誰會反對，以及在剛才「夢想家」和「實幹家」思考的事項中，哪些與現實情況最相符，還有哪些因素會導致這些想法不能被付諸實踐等。

團隊應用策略：請代表批評家的成員指出可行性方案中的漏洞，結合現實提出質疑等。

(6) 如果可能，記錄下之前所有的思想活動，然後從「批評家」的角色中走出來。這時，你可以根據實際情況，選擇是否需要重複步驟(4)和步驟(5)。如果需要，就回到「實幹家」的角色，再進行循環往復的驗證，直到有了滿意的方案，再回到「批評家」的位置。

- 需要特別提醒大家：不要擔心是否應該在步驟(4)和步驟(5)上耗費太多的時間，你可以放心地重複這兩個步驟。
- 當你處在「批評家」的位置和角色中時，不要與「夢想家」對話，因為夢想來之不易，不要去質疑。質疑只能發生在「實幹家」與「批評家」之間。在「實幹家」和「批評家」兩個位置上反覆論證，直到拿到滿意的可行性方案為止。
- 最後再來到步驟(7)，經「實幹家」回到「夢想家」的位置上。

團隊應用策略：實幹家成員就批評家指出的漏洞、質疑等做研討、修訂，這個環節可以循環往復，直到得出大家全部認可的可行性方案為止。

(7) 等得出最終的具體方案後，從「實幹家」角色中走出來，調整一下，來到「夢想家」的位置，給自己一個鼓勵，祝願自己夢想成真。

團隊應用策略：團隊成員一起自願承諾投入，相互賦能並預祝夢想成真。

「迪士尼策略」還應用了平行思維原理。每個人的身上都具備這3種角色的特點，這3種角色按照順序出場，各行其是，沒有交集，便於人們最大限度地發揮想像力和創造力。同時，這個策略還能夠幫助人們關注系統性、整體性並落實可行性。就像美國作家費茲傑羅（Fitzgerald）所說：

「檢驗一流智力的標準，就是在頭腦中同時存在兩種截然相反的想法時，仍能保持行動能力。」

當然，正如我們之前所說，除了你自己訓練，你還可以把這項策略應用在團隊中，這項策略可以幫助我們運用3種不同視角，充分驗證，降低不確定性，將不可能變為可能。

第二節

找到撬動機會的關鍵四要素

如果你不知道自己要去哪裡,那麼你將無處可去。

——亨利・季辛吉(Henry Kissinger)

哈佛大學商學院的一個研究小組進行過一項研究調查,他們邀請了來自94家公司的首席執行長的行政助理,為首席執行長進行了為期一週的工作記錄。資料顯示,這些高層管理者有60%的時間是在開會。

只要稍加留意你就會發現,職場中職位越高的人,開會的頻率越高,開會時長越久,開會成了職場的常態。我的一位同事就曾這樣調侃:「每天不開一次會,就好像沒上班一樣。」這當然是一句玩笑話,卻真實地反映了大多數職場人的現狀。

會議的重要性使我們不斷研究如何開會以及開好會,到處學習方法、技巧,卻常常忽略了開會的目的是採取行動。人們從來不在會議上幹活,而是在開完會後才各自奔赴「戰場」,會議中確定的行動計畫也都是在會議後被落實的。

因此,會議其實是在離開會議室後才真正開始的。

我曾經服務過一家企業,其內部的會議模式與眾不同。在會議上,永遠只有老闆一個人講話,其他人不管職位高低、年齡大小都只是聽,會議常常被發展成小型培訓。雖然每次會議都有不同的主題,但每次開會都以這種模式進行,還是讓人感覺有些訝異。實際上,這確實是我十幾年職場生涯中見過的最「奇特」的會議文化。

讓我意外的是,我原本以為會議結束後,除了老闆一個人滿足、愉悅,其他人會灰頭土臉、垂頭喪氣,但他們沒有。他們更關心的是如何把事情做好。

的確,會議不管採用什麼方式召開,都只是建立共識的一種方式和手段。雖說讓會議變得更加高效確實很有必要,但是我個人認為,堅持將達成共識的事情付諸實踐,才是我們更應該堅守的信念。

在職場,想要堅持這種信念並真正把事情做出來,確實不是一件容易的事情,但也並非無法實現。當然,這種信念也不是必須升任管理崗位後才具備的,它是每個人都應該具備的意識。幸運的是,這種意識是可以培養的。

在揭曉培養這種意識的方法之前,我們先來看一個重要的管理工具。阿里巴巴集團完整、系統的管理之道一直被國內很多企業爭相學習。

阿里一直有專門針對不同管理層級的「三板斧」[19]訓練。我個人認為,其培養基層管理者的「三板斧」——定目標、追過程、拿結果,是適合所有職場人的基本技能。

所以,依循阿里巴巴集團的基層管理「三板斧」,結合本章要點,我將其整合為:「定目標、追過程、拿結果、勤複盤」4個關鍵步驟,並把這4個關鍵步驟稱為撬動機會的關鍵四要素,如圖4-5所示,它們能讓我

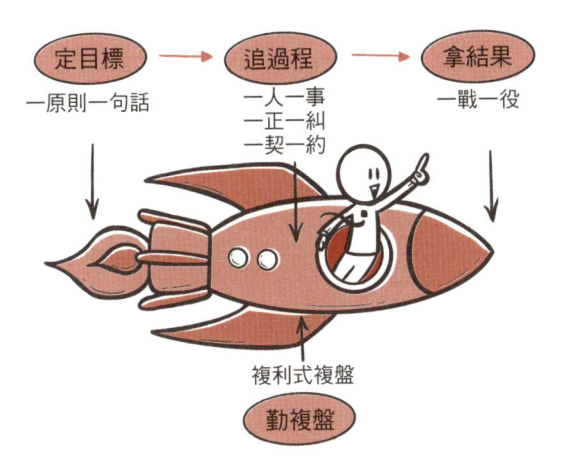

▲ 圖 4-5　撬動機會的關鍵四要素

們擁有「堅持把事情做出來」的意識。每個要素中還有相應的行動指南，幫助我們掌握核心要點，真正拿到成果。

定目標：明晰目標，著力實現目標

在定目標階段，除了明晰目標，讓其可實現，還要兼顧目標的易懂性、傳播性，讓每一個看到、聽到目標的人都知道如何行動。所以，在「定目標」環節，我建議大家遵守「一原則一句話」的理念。

---

⑲ 馬雲認為每件事都可以被提煉為核心的3個要點（或者環節、動作），故稱其為「三板斧」。阿里巴巴集團內部有針對基層、中層和高層管理者的不同的「管理三板斧」。其中，基層管理者「三板斧」為定目標、追過程、拿結果；中層管理者「三板斧」為招聘和解雇、建團隊、拿結果；高層管理者「三板斧」為揪頭髮、照鏡子、聞味道。

一原則一句話

定目標很好理解,而定目標最有效的工具無外乎「SMART原則」,我們在第一章第三節「使用SMART原則明晰你的願景」一節中介紹了使用這個工具的方法,如果你還沒能掌握,建議你回顧學習,這就是「一原則」。

定好目標後,為了更好地傳播、執行,我們最好將其濃縮為「一句話」。

史蒂夫・賈伯斯(Steve Jobs)就是一位「一句話」理念的踐行者,他擅長設定「簡單易懂的目標」。比如關於商品的理念,他的「一句話」就是:

「今天,蘋果將再次發明電話。」
「iPod只有一張撲克牌大小。」
「只留一個按鈕。」
……

萬通地產的董事長馮侖同樣支持「一句話」理念,他認為,判斷一家公司是否有好的未來的第一個標準,就是看這家公司能不能用一句話把自己講清楚。他提出,「如果一家公司不能用一句話講清楚,就說明這家公司的戰略、整體思維、願景、價值觀都不清晰,甚至還沒有建立起一種穩定的商業模式。」

著有《好文案一句話就夠了》一書的日本知名廣告人川上徹也,也曾強調,「有時短短的一句話就能決定成敗。」使用一句話說清楚目標的做法,不但方便他人理解、傳播,還對達成目標起著至關重要的作用。

> **喚醒時刻**
>
> 依據「SMART原則」制訂任務目標，並將該任務目標濃縮成一句話。
>
> 你的任務目標是：＿＿＿＿＿＿＿＿＿＿＿＿＿＿＿＿＿＿＿

追過程：找到關鍵節點，把中間環節撐緊

「追過程」是目標執行過程中的關鍵管理環節，也是一個長期動態的過程。這個動態管理環節是為了幫助我們階段性檢視過程中發生的一切情況，確保我們一直處在完成任務或目標的正確軌道上，適時糾偏、優化，以便最終保質保量、按時按需地完成任務。

「追過程」離不開目標，講求追蹤每一個細節和過程，細節越清晰，我們越能明確界定問題出在哪裡。在這一環節中，目標進度、業務流程、關鍵指標、工作習慣、業務技能、業務工具等都可以成為我們跟進和關注的重點。

另外，我們還需要秉持3個理念——「一人一事」「一正一糾」和「一契一約」。

一人一事

矽谷創投教父、貝寶（PayPal）創始人彼得・蒂爾（Peter Thiel）曾在《從0到1》一書中提到：「我在管理貝寶時，做得最棒的就是讓每個人只負責做一件事。每個人的工作都是獨特的，且他們知道我只以此作為評判標準。」他還曾強調：「我這樣做的本意是簡化管理，而且我注意到一個更深層的成果：**界定角色可以減少矛盾。**」

但凡想做成一件事，必須有一個明確的負責人對它負責。也就是說，

一旦有過多的人對這件事負責，也就意味著沒有人會對這件事負責。因為，一旦陷入「責任分散效應」[20]，這件事很可能會無疾而終。所以，明確每個人的任務範圍，讓他們獨立完成工作，這一點至關重要。

在此期間，我們還需要注意的是**儘量確保每個人做且做好一件事**。這種方法不但適用於團隊管理，而且適用於自我管理。

一正一糾

在「追過程」環節，我們容易陷入具體的事務中，很難有時間、精力或者意識抬頭看看整個系統正在發生什麼，這也極容易造成思維局限，無法在過程中看到全貌，以至於在行動過程中偏離軌道。所以，這也是我們需要不斷審視、調整和糾偏的原因。

當然，除了要完整、翔實地記錄過程資料以及細節，還要保有一種創新的勇氣。耶魯大學管理學院的海蒂・布魯克斯（Heidi Brooks）曾說：「領導者要以身作則，不只要求別人提出跳脫常規的想法，自己也應示範同樣的行為。」創新不是由流程或系統驅動的，而是由人們的才能和真實行動推動的。

國際知名領導力專家瑞貝卡・森堡（Rebecca Shambaugh）也曾說道：「領導者要做的第一件事，就是去檢查團隊的常規流程是否限制了成員的思考。過分注重遵循規則，可能會阻礙團隊溝通和碰撞創意的火花。」

「一正」指的是激發創意，「一糾」指的是糾正偏差。我們要做的是在保證不脫離軌道的情況下，擁抱創意。

當然，我們還需要把握好度，妥善處理「黑箱理論」[21]可能帶來的系統性問題。畢竟，過度的干預和打斷極其不利於目標實現，只會讓人覺得束手束腳，備受干擾。

一契一約

很多企業在制訂目標時，都會推行監督機制。細究監督機制的本質，其實是強勢的一方對弱勢的一方強加監督的一種方式。然而，一旦有強制，勢必會有反彈。所以，我更願意在制訂目標的過程中，<u>提倡大家建立「一契一約」的機制</u>。

一契一約就是契約機制。「契約」一詞源於拉丁文，傳達了一種契約自由的理念，是一種平等、自由、守信的精神。契約機制不是單方面強加或脅迫的霸王條款，而是各方在自由平等基礎上的守信原則。「契」是企業和員工之間，或管理層和員工之間達成的共識；「約」則意味著員工對企業和自身，或員工對管理者和自身，主動做出的雙向承諾。這種共識不是一種交換行為，而是一種合作行為。

有人說，提到契約就會涉及履約，如果非要在過程中設置一個檢核標準，一契一約完全可以作為雙方獎罰的依據。

關鍵是檢核標準要公開透明且取得雙方的內在認同，尤其是履約方的內在認同。

拿結果：不要等到最後一秒再返工

在「拿結果」這個部分，我想先強調一個重點，那就是：<u>一定不要等到最後一秒再返工</u>。這是一個雷區。當然，相信誰都清楚在最後一秒返工

---

[20] 責任分散效應（Diffusion of Responsibility），又稱旁觀者效應，是指對某一件事來說，如果個體被要求單獨完成任務，其責任感就會很強，會做出積極的反應；但如果要求一個群體共同完成任務，群體中的個體的責任感就會減弱，面對困難或遇到責任時往往會退縮。

[21] 「黑箱理論」原是指內部構造和機理不清楚，但可以通過外部觀測和試驗，去認識其功能和特性的事物。在領導科學中，黑箱管理是指在管理一個機構或一件事物時，將其內部視為一個「一團漆黑的箱子」，控制其輸入資訊，檢查其輸出資訊，從而達到管理的目的。

只會讓你非常被動，事實上，我們總是會無意識地把自己或者對方置於這樣的境地。

很多時候，並不是我們已經具備一些能力或者在某個領域足夠資深，就可以選擇在最後一秒才把結果丟給他人。如果這個項目是團隊作戰，則更要注意避免這個雷區。

當然，我指的最後一秒不但包括整個項目截止前的最後一秒，還包括我們為確保這項任務順利完成而約定的中間檢核時間。

一戰一役

在工作中，我們需要盡可能地與上司、同事乃至下屬約定好一些必要的且大家彼此認同的中間檢核節點，以確保我們不至於在最後一秒發現問題時，再急急忙忙地返工修正。也就是說，我們要學會在明晰路徑的同時，鎖定關鍵節點，明確進展並逐一實現。這不但是一種意識，更是需要反覆踐行的原則，你也可以把它理解為「一戰一役」。

設置好戰役節點，可以幫助我們緩解大目標帶來的壓力，從而一步一步完成小目標，實現最終目標。

另外，一戰一役取得的階段性成果會不斷給我們帶來積極、正向的反饋，這不但有助於增強我們的信心，還能激發我們完成目標的持續動力。需要注意的是，戰役節點不要設置得太密集，頻繁的刺激反而會阻礙創造力的發揮。

勤複盤：哪些事可以複利運行

在尋找關鍵因素方面，還有重要的一個環節——勤複盤。

複盤最早由聯想引入企業管理，被柳傳志稱為「起死回生」的管理藝

術，而我們今天提到的複盤，要達到兩個目的：一是複盤，二是複利。在這裡，我想深度探討的不僅僅是對某一項任務的複盤，也不僅僅是投資金錢時談到的複利，而是一種複利式複盤思維，我稱其為「複利式複盤」。

我們應該如何做好複利式複盤呢？

其實，細心的你不難發現，現實中的問題，有80%都屬於共性問題，只有20%屬於個性問題。複利式複盤就是讓我們學會使用20%的時間，實踐、總結、提煉、形成規律，以解決80%的共性問題，這也符合時間管理中重要的「二八法則」。

> 比如，當某一類問題諮詢量過大時，你可以出具一份SOP[22]手冊統一回覆。這份SOP手冊的起草和擬定可能會讓你投入大量的時間，但與你一次次被別人打擾、詢問所消耗的時間相比，顯然這種方式耗時最少，也更為長遠，更有效率。

在拆解複利式複盤的過程中，我發現陳中老師在其所著的《複盤》一書中提到的6個步驟，恰好能說明我們做好複盤並實現複利。我們也可以運用這6個步驟，自我檢核，事事複盤，逐步精進，如圖4-6所示。

1. 回顧目標

在複盤過程中，我們應一切以終為始，從目標開始，確認目標是否清晰，是否達成共識，是否有明確的分解計畫等。

---

[22] SOP 是 Standard Operating Procedure 三個單詞首字母的組合，即標準作業程序，就是將某一事件的標準操作步驟和要求以統一的格式描述出來，用來指導和規範日常工作。所謂標準作業程序，指的是經過不斷實踐總結出的當下最優的作業程序，也是企業不可或缺的重要管理方式。

2. 敘述過程

在「追過程」中，我們強調了如何跟進過程，在這一步，我們需要注意，既要講求過程的完整、細緻，又要確保不誇大、不渲染事實，還要關注個中邏輯。每一個環節都需要保持客觀、真實。

3. 評估結果

當目標和過程都正確時，我們就需要檢核結果是不是和我們預期的一樣。如果有差別，我們就要明確不同之處，找出差異，明白是更好了還是更壞了，是更節約時間還是更消耗時間等，繼而為複利創造機會。

4. 分析原因

分析原因是複盤最主要的環節之一。

分析是否到位決定著複盤是否有效，也將直接影響我們能從複盤中學到什麼、收穫多少。當然，在這一步中暴露的問題也最多。

▲ 圖4-6　複利式複盤

其實，分析、評估也是對齊目標、找出差距的過程，把原因羅列清楚，然後加以分析，看看到底哪些地方是致命的，是一定要避免的；哪些地方是可以優化的，如何重點優化。

5. 推演規律

「推演」是借用已有的事實、經驗、依據進行假設，再驗證假設的過程。「規律」更像是原則。**任何事物在發展過程中都會遵循一定的規律或原則。推演規律也是在提煉做事原則，提煉方法論。**

在物理學發展過程中，中微子的發現也是先有預言假設，而後經過了20年的觀測實驗，最後才被證實的。事件的演變都是以已有的事實和經驗為依據，以共性的思維模型為依託，再進行假設，並逐步推演驗證，從而得出結論。

6. 形成文檔

形成文檔有助於留下最真實、準確的記錄，避免遺漏、遺忘，便於未來反覆運算、修正。這是未來複利的關鍵動作。

形成相關的指導手冊後（比如我們之前提到的SOP），再犯同樣錯誤的概率就會降低很多，且不管什麼能力水準的人，都可以通過文檔建立對該事項的基本認知與瞭解，從而在稍加培訓甚至完全不用培訓的情況下，勝任這項任務，這就是一種可傳承的複利。

當然，**勤複盤還包括及時複盤、階段性複盤和全面複盤**。複盤是工作中每個階段的必要一環，畢竟結果是靜止的，複盤必須是動態的。

另外，我們這裡使用的複利式複盤策略和本章第一節提到的「WWW EBI」雖在本質上相通，但我個人認為，這種複盤方式更偏重組織，是一

種聚焦於組織與系統的複盤策略。當然，這個策略同樣適用於個人對每日重大事件的複盤，同時，你也可以自由選擇在任何場景下使用它。

值得強調的是，複利式複盤的優勢就在於它能**助力個人及組織實現從 1 到 N 的躍遷進化**。

🐦 喚醒時刻

複盤事件：＿＿＿＿＿＿＿＿＿＿＿＿＿＿＿＿＿＿＿＿＿＿

複盤時間：＿＿＿＿＿＿＿＿＿＿＿＿＿＿＿＿＿＿＿＿＿＿

回顧目標：

＿＿＿＿＿＿＿＿＿＿＿＿＿＿＿＿＿＿＿＿＿＿＿＿＿＿＿
＿＿＿＿＿＿＿＿＿＿＿＿＿＿＿＿＿＿＿＿＿＿＿＿＿＿＿
＿＿＿＿＿＿＿＿＿＿＿＿＿＿＿＿＿＿＿＿＿＿＿＿＿＿＿
＿＿＿＿＿＿＿＿＿＿＿＿＿＿＿＿＿＿＿＿＿＿＿＿＿＿＿

敘述過程：

＿＿＿＿＿＿＿＿＿＿＿＿＿＿＿＿＿＿＿＿＿＿＿＿＿＿＿
＿＿＿＿＿＿＿＿＿＿＿＿＿＿＿＿＿＿＿＿＿＿＿＿＿＿＿
＿＿＿＿＿＿＿＿＿＿＿＿＿＿＿＿＿＿＿＿＿＿＿＿＿＿＿
＿＿＿＿＿＿＿＿＿＿＿＿＿＿＿＿＿＿＿＿＿＿＿＿＿＿＿

評估結果：

分析原因：

推演規律：

形成文檔：

第三節

看不見的地方也需要管理

犯錯了,別急,先慶祝一下

我們所要做的一切是盡可能快地犯錯誤。

——約翰・阿奇博爾德・惠勒(John Archibald Wheeler)

最早聽到「犯錯了,先慶祝一下」是在導師瑪麗蓮・阿特金森博士(Marilyn Atkinson, PhD)那裡。她是埃里克森國際教練學院的創始人,師從心理治療大師密爾頓・埃里克森(Dr. Milton Hyland Erickson)[23]、家庭系統排列鼻祖伯特・海靈格(Bert Hellinger)[24]、家庭治療大師維吉尼亞・薩提亞(Virginia Satir)[25]、完形治療之父弗雷德里克・皮爾斯(Friedrich Salomon Perls)[26],被譽為「集業界流派之大成者」。跟隨她學習的過程,讓我真正見識了一位77歲高齡的全球領導者如何在40年的時間裡激勵全球87個國家和地區數以萬計的人們。

瑪麗蓮・阿特金森博士在犯錯這件事情上,一直堅持兩個原則:第一,「犯錯了,先慶祝一下」;第二,「只犯有用的錯誤」。她說,犯錯應該是一種享受。

瑞‧達利歐也持有相同的觀點，他在《原則》一書的導言中寫道：「我這一生犯了很多錯誤，花了很多時間反省這些錯誤。」「我認為成功的關鍵在於，既知道如何努力追求很多東西，也知道如何正確地失敗。」

在生活中，人們不允許自己暴露錯誤；在職場中，人們一聽到犯錯就如臨大敵；許多父母在教育子女的過程中，對錯誤更是避之唯恐不及。殊不知，歷史上很多錯誤都推動了社會的巨大進步。德國著名作家歌德在《浮士德》中更是坦言，「人只要奮鬥，就會犯錯。」

要想不斷進步，就必須不斷嘗試，只要不斷嘗試，就難免犯錯。犯錯，常常與進步結伴而行；犯錯，其實是進取和成長的表現。

1. 犯錯了，先慶祝一下

人們之所以不願意主動承認自己的錯誤，很大程度上是由於不想面對犯錯後出現的混亂局面。而「犯錯了，別急，先慶祝一下」給了我們一種直面錯誤的全新選擇。

在學習了這種方法後，我有一位朋友和我分享了他的轉變，這個故事非常打動我。

> 有一次，他12歲的兒子因為考試時犯錯丟了分，在學校受到老師的批評。兒子個性好強，又要面子，所以，當他去接兒子的時

㉓ 密爾頓‧埃里克森（1901-1970），被譽為「現代催眠之父」，是醫療催眠、家庭治療及短期策略心理治療（Brief Strategic Psychotherapy）領域的權威專家。
㉔ 伯特‧海靈格，德國心理治療師、「家庭系統排列」創始人。
㉕ 維吉尼亞‧薩提亞是舉世聞名的心理治療師和家庭治療師，也是美國家庭治療發展史上最重要的人物之一，被視為家庭治療的先驅（Goldenberg, 1985），被譽為「家庭治療的哥倫布」（McLendon, 1999）。
㉖ 弗雷德里克‧皮爾斯（1893-1970），德國心理學家、格式塔療法的創始人。

候，兒子雖然沒說什麼，但是狀態一直不好。後來，在他的開導下，兒子終於道出了實情。聽到這個消息的他一直沒有說話，腦海裡卻始終在迴響著「犯錯了，別急，先慶祝一下」。

然後，他轉頭對兒子說：「我給媽媽打個電話，咱們今天不回家吃飯了，今天出去吃，去慶祝一下。你想吃什麼？」兒子一臉詫異地看著平時異常嚴肅的他，憋了半天回答道：「麥當勞。」

就這樣，兩個人到了餐廳，點了餐，開開心心地吃著。快吃完的時候，兒子突然對他說：「爸，我覺得我這次是完全可以考好的，只是因為看卷子的時候馬虎了，才犯了錯。但是老師那麼說我，我確實有點不開心，我決定回去再做幾遍，下次絕對不會再犯這種錯誤了。」

作為父親的他聽完一愣，因為他知道，雖然他表面上和兒子有說有笑，其實心裡正在琢磨該怎麼和兒子談，應該先擺事實、講道理，還是先分析利弊、再說清利害？畢竟兒子面臨中考，實在馬虎不得⋯⋯沒想到，兒子竟然主動開了口，還自己提出了避免再次犯錯的改進計畫。

這件事之後，他把這種方法運用到了團隊管理中。他告訴我：「這種方法幫助團隊重新找回了彼此坦誠的氛圍，還啟動了大家積極進取的狀態。」

其實，經營公司同樣如此。正如網飛（Netflix）公司的產品創新副總裁陶德・耶倫（Todd Yellin）送給每一位員工的忠告：「你得保持身體前傾，為摔倒做準備。」他認為，跌倒是一件重要的事情，也正是這些挫折、失敗，為產品的優化、創新以及管理的嚴謹、完善提供了必要的加速

條件。你不妨也開始嘗試在犯錯後說「太棒了，先慶祝一下」，然後再沉下心來看看這個錯誤給我們帶來了哪些教訓，應該如何改正吧。

顯然，這樣的意識和表述方式的確需要一段時間適應，但你要知道，擔心、恐慌的心理只會讓人持續犯錯，甚至發展為在極小的事情上持續犯錯。而這種方法不但能幫助我們自己，還能幫助其他人卸下防備，真正客觀地看待錯誤，並在錯誤中成長。

2. 只犯有用的錯誤

在橋水公司，創始人瑞・達利歐會專門設計「問題日記」，要求員工把當天犯的錯誤和不良後果全部記錄下來，寫在當天的問題日記裡。他們約定，如果員工出現問題卻不將其寫進日記裡，就會被追究責任；而如果主動寫到日記裡，哪怕這個錯誤再大，給公司造成的損失再多，公司也不會因此辭退一名好員工。這種管理方式不僅加深了人與人之間的信任與理解，也為公司的良性管理打下了堅實的基礎。

犯了錯卻不去梳理、總結、反思、改正，那麼這次犯錯就毫無意義。**我們應該把每次錯誤當成有用的錯誤對待，並爭取類似的錯誤只犯這一次**。這才是「只犯有用的錯誤」的真諦。

值得注意的是，**我們既不要讓自己陷入犯錯的懊惱中，也千萬不要讓自己沉浸在盲目慶祝錯誤的喜悅裡，以免過於輕視錯誤的殺傷力**。在此，提醒大家：在大是大非面前，還是要堅守原則，不要犯錯。

當然，這個度需要把握，這是一門自我管理的藝術，正如王陽明在《傳習錄》中所說：「人不貴於無過，而貴於能改過。」人們做對事時，是塑造正確行為的最好時機；而人們做錯事時，則是拉近彼此距離的最佳時機。最後，我想要提醒你，盡可能從他人的錯誤中多學習，畢竟，你沒

有那麼多時間犯所有的錯,而世界上其他人走過的路,都可以成為你走過的路。

試著拖一拖,享受拖的樂趣

> 我們不可能思考任何我們事先沒有通過外部或內部感覺感知到的東西。
>
> ——大衛・休謨(David Hume)

1991年,美國著名經濟學家喬治・阿克爾洛夫(George A. Akerlof)[27]在一篇題為「拖延與順從」的論文中自述他的拖延經歷。當時,他需要將一箱衣物從居住地印度寄往美國。他預計這件事需要用一個工作日處理,於是決定晚點兒寄。結果日復一日,這件事被足足拖了8個多月。在這8個多月裡,他每天早上醒來,都決心第二天一定要將箱子寄出,但一直沒有付諸行動。

他的這一表現使拖延成為學術界一個重要研究課題,許多哲學家、心理學家和經濟學家紛紛加入其中。拖延漸漸被視為以推遲的方式逃避執行任務或做決定的一種特質或行為傾向,是一種自我阻礙和功能紊亂的行為。

拖延真的一無是處嗎?

其實,拖延並非毫無益處。人們之所以拖延,很多時候是因為還有選擇。也就是說,至少在拖延還沒有發展成拖延症習慣之前,它其實只是一種帶有選擇傾向的行為模式。

- 先不付錢，也許這件衣服明天就降價了；
- 先休息一下，過10分鐘再去幹那件讓人惱火的家務；
- 先打1小時遊戲，明天再去整理這項棘手的設計方案；

……

美國心理學家尼爾‧菲奧里（Neil Fiore）博士在總結了他與成千上萬名拖延症患者合作的經驗後，發現他們拖延的原因相同：「拖延可以帶給人們暫時釋放壓力的快感。」這一說法在很多拖延症患者身上得到了驗證，其中不乏德高望重的教授。

不可否認的是，在可以選擇的時候，我們總是傾向於優先選擇那些能給自己帶來即時愉悅感的事情。我們能做的也不是扼殺拖延行為，實際上我們確實無法扼殺這一本性，我們要做的是訓練自己有節奏地管理拖延，把拖延變成一種正向、積極的過渡行為，幫助我們更好地取得成果。

在我看來，有時候有節奏地拖一拖反而會起到某種積極作用。

我身邊就有這樣一位女性CEO，她的情況極具代表性。

她是阿里巴巴最早期的員工，後來創辦了自己的企業，她身上就有一個很好的品質——驗證精神。

作為一名創業公司的CEO，她從不草率地使用自己的行動力。打算做某件事情時，她也從不魯莽地想到就行動，而是先做調研，與客戶、投資方聊，和跨行業的朋友聊……為了研究一個問題，她

---

[27] 喬治‧阿克爾洛夫，美國著名經濟學家、2001年諾貝爾經濟學獎得主、美國加州大學伯克萊分校經濟學教授。

可以一天打30~50通電話，一年見300~500個人。

當你詢問她一項任務什麼時候執行的時候，她有時候確實會這樣回答：「這件事我還沒想好，我還需要再想想。」

「想想」並不代表她不去行動，恰恰相反，她是一個行動力極強的商業女性。她的「想想」更多的是在補充資訊，做進一步驗證。

不管是制訂戰略還是做出決策，她都有自己的一套方法，我觀察了很長時間，這類似商業模式推演的方法論，綜合下來有6步。

第一步，與客戶溝通

她會帶著思考過的問題與客戶溝通。她的客戶多是她的學生和摯友，大家在相互交流的過程中總會得到新的靈感和啟發。

第二步，向專家請教

她會帶著思考過的問題與行業內的專家溝通，向他們請教（這些專家包括投資人、創業者等），與他們探討，同時提出自己的見解。

第三步，找用戶調研

她會帶著思考過的問題向真正有需求的人求證，這類似用戶調研。放心，真正有需求的人會很樂意告訴你他們的真實需求。

第四步，留一點時間，放空思考

她通常會留一點時間思考，自己寫寫畫畫，看看有什麼新的想法冒出來，然後將其補充進去。

第五步，匹配需求，梳理自己的優勢和方法論

綜合以上所有需求、回饋、資訊以及自己的深度思考後，她開始匹配需求，梳理自己能夠解決和實現的部分，輸出自己的體系方法論，做好行動前的準備。

第六步，快速行動驗證

最後就是快速行動，用行動去驗證，再逐步反覆運算。

有意思的是，她每次在開會時總會說：「這是我的直覺。」之前我並不理解，甚至一度認為頻繁運用自己的直覺做決策，太草率了些。直到我看到了休士頓大學布琳・布朗（Brené Brown）博士的研究，她說：「直覺並不是完全脫離理性思維的，也不是一種單一的認知方式，而是經過大腦觀察、掃描，並將觀察的內容與現有的記憶、知識、經驗等進行一系列匹配後的結果。」這幫助我理解了這樣的應對策略。

這裡提到的「拖一拖」其實是一種深度思考的過程，在這個過程中，我們可以站在更多維的視角，收集更多元的資訊，聽取更中肯的建議，甚至形成類似「直覺」的下意識的外在反應機制，而這種反應機制往往能幫助我們果斷做出看似不明智實則正確的選擇或是決策。

或許，這也是大多數優秀的企業家能夠憑藉「直覺」抓住機遇的關鍵所在。

在矽谷創業大師史蒂夫・布蘭克（Steve Blanc）那裡也有類似的解釋，剛才那位女性CEO的做法竟和他解析頓悟時刻（Moments of Truth）的過程不謀而合。他的步驟更加簡化，一共只有3步。

首先，與盡可能多的人溝通。這些人和你越是不同，視角和思維模式越迥異，對你產生新的思考越有幫助。

其次，執著於你正在思考的問題。這意味著你要建立一系列商業模式假設，然後通過使用者驗證這些假設。這個過程一般比較吃力，卻是令你收穫最大的部分。

最後，拖一拖，休息一下。做一些能真正讓你放鬆的事情，從思考的事情和具體行動中抽離。這也是關鍵的一步，因為洞見和頓悟可能會在這時發生。

史蒂夫・布蘭克提醒說：「多與不同的人碰撞交流，專注於自己正在思考的問題，然後拖一拖，偶爾抽離，這時你就相當於製造了一個機會，讓自己的大腦處理已經存儲的所有資訊，你也因此會有更多的收穫。」

當然，不管是6步還是3步，我們探討的是拖一拖的魅力，以及拖一拖給我們帶來的幫助。哈佛大學的科學家謝利・H. 卡森（Shelley H. Carson）曾提到，分心會帶來一個「孵化期」。其間大腦會繼續下意識地在原有問題上工作。在拖之前充分思考，繼而放鬆、抽離，不管是戰略、決策還是細小的決定，都可以如此嘗試。

最後提醒大家，我推崇的並非無限制地拖延，而是一種短暫放空的狀態，讓自己切換頻道，繼而再次獲得創造力。

另外，這類「拖延」也不僅僅是一種樂趣，而是自我管理方面一項不可或缺的行動。

與情緒待幾秒，好過花幾小時對著幹

我曾看到過這樣一則故事。

一隻北極熊原本在雪地裡慢悠悠地走著，突然，牠看見後面有敵人出現，隨即拚命加速，向前奔跑，牠邊逃邊回頭看，以確認情

況是否危險。

後來，牠的奔跑速度逐漸慢了下來，也許是確信已經足夠安全，牠漸漸停住了。

不可思議的是，牠四肢趴地，身體開始瘋狂地抖動，抖了好久好久。那種情景就像一個受驚的人在不由自主地顫抖。

過了好一會兒，這種因威脅而產生的自然反應才慢慢消失，牠恢復了正常狀態。

北極熊又開始慢悠悠地散步了。

這個故事帶給我巨大的心理衝擊，讓我意識到原來情緒是一種身體能量，北極熊也有情緒，牠也會自己調整，人更是如此。

後來，我寫過一篇文章，題為「花幾十秒跟情緒待一會兒，比花幾小時跟自己對著幹，有效得多」。這篇文章讓我得以再次解析情緒與自我之間的這種能量作用。

事實上，情緒的出現是為了保護自我。

- 在面對羞辱時，我們可能會跳起來，用生氣來掩蓋自己的壓抑；
- 在面對攻擊時，我們可能會失聲尖叫，用憤怒來掩蓋自己的恐懼；
- 在面對質疑時，我們可能會用無休止的辯解來掩蓋自己的憤憤不平；
- ……

其實，情緒無好壞，正是這些不同的情緒構成了我們完整的個體，也正因為有了這些不同的情緒，我們才有機會感受和體驗截然不同的能量狀

態。正如著名心理學教授大衛・霍金斯博士（David R. Hawkins）經過30多年的研究製作的「情緒能量層級圖」顯示的那樣，當能量層級為「正」時，我們會開心、愉悅，更有安全感；而當能量層級為「負」時，我們會痛苦、自責甚至羞愧，如圖4-7所示。

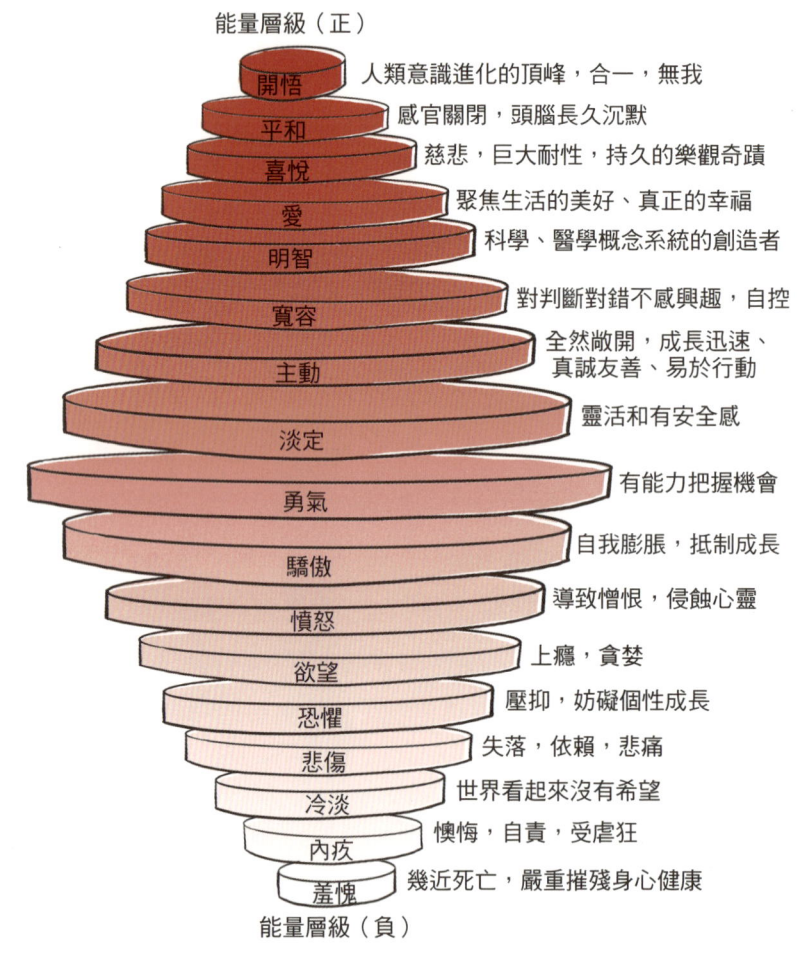

能量層級（正）

開悟	人類意識進化的頂峰，合一，無我
平和	感官關閉，頭腦長久沉默
喜悅	慈悲，巨大耐性，持久的樂觀奇蹟
愛	聚焦生活的美好、真正的幸福
明智	科學、醫學概念系統的創造者
寬容	對判斷對錯不感興趣，自控
主動	全然敞開，成長迅速、真誠友善、易於行動
淡定	靈活和有安全感
勇氣	有能力把握機會
驕傲	自我膨脹，抵制成長
憤怒	導致憎恨，侵蝕心靈
欲望	上癮，貪婪
恐懼	壓抑，妨礙個性成長
悲傷	失落，依賴，悲痛
冷淡	世界看起來沒有希望
內疚	懊悔，自責，受虐狂
羞愧	幾近死亡，嚴重摧殘身心健康

能量層級（負）

▲ 圖4-7　情緒能量層級圖

如果人們只能感受到正向的能量，比如愛和喜悅，那麼當愛和喜悅變得稀鬆平常時，人們會因無法分辨而變得不懂珍惜，所以，**每一種情緒都至關重要，要學會管理而非控制**，因為管理才是一種良性的調適。

1. 情緒來了，先給自己一個積極的暫停

在情緒管理方面，我6歲的兒子做得極為出色。

> 當妹妹搶了他的玩具或者當他與其他小朋友發生爭執而被責備時，他會說：「我不開心，我需要自己先冷靜一下。」最開始聽到這句話的時候，我和孩子爸爸都吃了一驚，因為他還在後面加了一句：「你們都先出去吧。」
>
> 雖然我依舊不明白6歲的兒子從哪裡「檢索」出了這樣的話語，但還是和孩子爸爸交換眼神，同意了他的提議，默默地關上房門，退出他的房間。
>
> 後來，我發現，我確實在和孩子爸爸的相處過程中使用過這種模式：當我們兩個有巨大理念或意見衝突時，我會自己找個地方冷靜，或是請孩子爸爸暫時迴避。而6歲的兒子，應該是悄悄學會了這一招，並用它與自己的情緒獨處。
>
> 我統計過，從他要求關上房門，到他自己走出來或不自覺地在房間裡和自己玩起來，一般只需要5~10分鐘。其間不會出現歇斯底里或者大喊大叫的情況（實際上，這兩種情況在他小青春期[28]前都沒有出現過）。

---

[28] 又稱微小青春期，見於醫學上性腺穩定器學說。該學說認為，下丘腦－垂體－性腺軸（HPGA）之間的負反饋聯繫在新生兒和嬰兒早期已經建立，但其抑制功能尚不成熟。此時，促性腺激素呈高分泌狀態可似青春期水平，故稱作「微小青春期」。

很多人可能會想，有了情緒就先迴避，這樣做是不是欠妥？這種感覺就像你與同事起了衝突，老闆過來想要瞭解一下情況，而你卻對老闆說：「對不起老闆，我想先冷靜一下，請您過一會兒再來。」這種說辭好像總是會讓想要「勸慰」你的人覺得有點尷尬。但我想和你分享的是，這種稍等一下再處理的方式，正是讓我們在回歸理性、冷靜之前，給自己和他人按下「暫停」鍵，這是一個必要的、積極的「暫停」鍵。

這種方法也叫「積極暫停法」，是我在和80歲高齡的簡・尼爾森（Jane Nelsen）博士學習時，她教會我的，而她正是風靡全球的正面管教體系的創始人。

我們之所以不知道如何恰當地管理情緒，恰恰是因為我們無數次被迫見證了錯誤的實踐模式。從小，父母和老師都會朝我們大喊「安靜下來」「坐著別動」，而不是以身作則給我們做正確、平和的示範。長大以後，我們自然不知道如何在負面情緒下幫助自己或他人正確地恢復狀態。而積極暫停正是一種幫助我們調適的良性選擇，並且成人比孩子更需要這一課。

2. 為自己設計一個積極「暫停」鍵

積極「暫停」鍵可以是一個真實的或想像的按鈕，也可以是內心某種聲音、念頭，某個喜歡的顏色、形狀，或是一處經過精心佈置的區域、角落⋯⋯總之，你需要找到一個能夠讓負面狀態或情緒暫停的開關。這個開關可以幫助你從當下的狀態抽離，轉移焦點，辨別哪些是事實，哪些是想法，哪些是感受或者評判，繼而幫助自己冷靜下來。

這時，你可以與自己獨處，然後問自己幾個問題。

- 這件事情的本質是什麼？
- 這件事情是想告訴我什麼？
- 在這件事情中，我真正在意的是什麼？
- 我之所以有這樣的反應，到底是出於情緒感受的需求，還是想把事情做好的需求？
- 如果是出於情緒感受的需求，試著告訴自己：我很充盈，可以自我補給。然後，感受一下內心會發生什麼，有什麼變化。
- 如果是出於把事情做好的需求，試著放下「他在攻擊我」「他就是看我不順眼」等評價，想像一下，對方是由衷地為自己好，然後感受一下內心會發生什麼，有什麼變化。
- 這件事，這種情緒、感受的背後，有什麼正面意義？
- 發生這件事對我、對其他人、對環境有什麼積極的影響？

這些問題可以幫助你層層解析，直到挖掘出誘發情緒的真相。在識別真相的過程中，你會發現有些現象可能真實存在，而有些可能只是我們的臆想。如果是真相，就去尋找解決方案；如果只是自己的臆想或感受，就需要我們先調適自己的情緒，再客觀、積極地尋找解決方案。

值得提醒的是，區分正向情緒和負向情緒的根據是動力，而非感受，正如我們在「情緒能量層級圖」中看到的那樣。有時候一種給予我們更大動力的情緒，在感受上可能是負向的，但它能幫助我們到達目的地，那麼這種情緒也可以被視為正向的。比如，你想學習一項技能卻總也學不會，因此情緒感受很不好，很受挫，但這對於成長和進步而言卻是有益的。

而那些讓我們感到舒適、享受的正向情緒，比如我們經常講的舒適區，如果讓我們喪失了動力，那麼它們起到的也是負向作用。

3. 運用積極暫停，讓自己成為擁有情緒智慧的人

運用積極暫停管理情緒，我們能成長為一個擁有情緒智慧的人，這種內在的富足也是心智成熟的標誌。在這個過程中，我們會經歷5個階段。

(1) 認知情緒。正如「情緒能量層級圖」中顯示的那樣，我們清楚地知道一個人擁有不同的情緒模式，也知道不同情緒對自己、他人以及環境的作用和影響。

(2) 覺察情緒。通過剛剛那些有效的問題，我們能清晰地覺察出自己的情緒，並感知情緒。

(3) 向內探索。在壓力狀態下或者出現問題時，我們能夠積極暫停，不去評判、指責自己或他人，不去抱怨環境，而是「向內看」，尋找自己的責任，尋求幫助與支持。

(4) 聚焦未來。覺察到情緒對自己和他人的影響後，我們能夠重新聚焦未來的目標和價值，不受不良行為及情緒的影響，積極調整和改變。

(5) 與他人共情。我們雖然沒有經歷過對方所經歷的一切，但這並不妨礙我們設身處地地與他人共情。在這個階段中，我們開始能夠真正地站在對方的立場，為他人著想，理解他人的情緒狀態，進而影響他人，同時能夠主動打造讓彼此都更積極、正向且充滿能量的場域。

就像現代管理學之父彼得‧杜拉克所說：「作為一個領導者，你首先要對自己的能量負責，然後再幫助身邊的人協調能量。」

當然，我們還可以說，作為成年人，你首先要對自己的情緒負責，然後再幫助身邊的人協調情緒，從而管理彼此的能量。

4. 允許自己在積極暫停時做喜歡的事情

美國心理學家威廉‧詹姆斯（William James）[11]和荷蘭心理學家朗吉

（Namgyal）曾共同發表了「人不是因為悲傷才哭泣，而是因為哭泣才悲傷」這個論點，旨在告訴人們，情緒不能引導身體反應，而是身體反應帶動了情緒的產生。

所以，想要避免陷入負面情緒，我們可以先試著改變行為，例如悲傷時就練習微笑，沮喪時試著抬頭挺胸。當然，無論先改變情緒，再改變行為，還是先改變行為，再改變情緒，其中沒有絕對的先後和對錯。但你會發現，改變心態需要我們具備極為堅定的意志力，而**改變行為往往相對容易，因為不用多想，做就是了。一旦行為改變，原本低落的情緒也會隨之改變**。積極暫停法正是這樣的一種方式。

值得提醒大家的是，積極暫停不是懲罰，而是幫助自己先恢復冷靜、平和，繼而更理性地處理問題。正如簡‧尼爾森博士在《正面管教》一書中所說：「**一個內在的、價值無量的生活技能，就是『冷靜期』的價值。**」

既然積極暫停不是一種懲罰行為，那麼你就無須過分自責，要允許自己在暫停時做一些能夠讓你感到愉快、高興的事情。也就是說，即使你在讓自己暫停之前犯下了大錯，你仍然享有讓自己開心的權利。

拋棄那些「我不配擁有快樂」「我應該遭受懲罰」的奇怪想法，你唯一要做的是讓自己恢復狀態，變得更好。

在積極暫停時，擁抱自己

現實中很多人會認為：一個人行為不當、做錯事或是情緒不佳，就必須受到責備、羞辱或經歷痛苦，以此作為代價或懲罰。更痛心的是，很多

---

[11] 威廉‧詹姆斯（1842-1910），美國心理學之父，美國本土第一位哲學家和心理學家，也是教育學家、實用主義的宣導者，美國機能主義心理學派創始人之一，亦是美國最早的實驗心理學家之一。

時候，這些懲罰大多是我們強加給自己的。

其實，這種方式大錯特錯，這只會削弱我們的自信心，且對於解決問題毫無益處。我們要做的是為自己創造一種鼓勵氛圍。其中，最直接、最簡單的做法就是給自己一個擁抱。

所以，當你處在負面情緒中時，不要急著否定自己，先學會給自己一個擁抱，為自己創造一種鼓勵的氛圍。

請記住，人們都是在被善待的過程中，才學會了善待他人。

混亂沒什麼不好，用「平衡輪」保持有序就行了

> 每一次經歷都是一次覺醒的機會。
> ——莫莉・哈恩（Molly Hahn）

我曾在一家遊戲公司工作，公司的同事們可以穿著拖鞋、短褲，揹著吉他上班。公司裡還有專門錄製音訊、視頻的錄播室，那裡放置著各種音響，還有一排排我叫不出名字的樂器。男孩們有的紮著馬尾，有的剃著光頭，女孩們有的穿著漢服，有的打扮成蘿莉[14]，同事們的辦公桌上擺放著各式各樣的公仔和吉祥物，有的人甚至將一人多高的玩偶立在自己的工位旁邊，公司每隔一段時間還會舉辦一場cosplay[15]大賽，看誰的創意更獨特，造型更驚豔。

每逢遊戲上線內測，公司就會動員全體員工停下手頭的工作打遊戲。是的，你沒看錯，是打遊戲，而且是全員打遊戲。遊戲成績排名前三的玩家還會獲得獎勵，獎品是動輒幾千元甚至上萬元的當季大熱款電子產品（比如蘋果手機、Xbox[16]等）。

沒有體驗過這種工作氛圍的人或許會皺起眉頭，撇著嘴說：「嘖嘖，真的太亂了，糟糕透了。」其實不然。事實上，很多行業都有這樣特立獨行的氛圍或文化。

從2015年起就開始擔任奢侈品牌創意總監的天才設計師亞歷山德羅・米凱萊（Alessandro Michele）就曾用「一片變化無常的混亂」來形容自己的創作過程。有趣的是，他很重視這種「混亂」。他說：「混亂是我的初始狀態，我需要這樣一個有利於創作的空間。」

皮克斯與迪士尼動畫工作室總裁愛德溫・卡莫爾（Edwin Camour）在接受《麥肯錫季刊》的採訪時，透露了他擔任迪士尼工作室總裁之後踐行的五大準則。第一條就是：作為領導者，要允許一定程度的混亂。他說：「因為混亂潛藏著無限的創意。」

谷歌前CEO埃里克・施密特（Eric Schmidt）也認為「混亂」是谷歌的一項重要特色，他說：「你必須保持混亂的特質，才能真正發現下一步該做什麼。」

阿里巴巴集團學術委員會主席曾鳴博士在談到如何制訂戰略時也提到：「在公司的嘗試期，一定要允許混亂，因為大家都看不清楚。這時候有什麼說什麼，不要怕亂。」

---

⑭ 蘿莉，即蘿莉塔的縮寫，出自納博科夫的小說《蘿莉塔》，原指小說中12歲的女主角蘿莉塔，後在日本引申為一種次文化，用來表示可愛的小女孩或用在與其相關的事物上，例如蘿莉塔時裝。
⑮ cosplay 指利用服裝、飾品、道具以及化裝來扮演動漫作品、遊戲中的角色以及古代人物，也被稱為角色扮演。
⑯ Xbox 是由美國微軟公司開發並於2001年發售的一款家用電視遊戲機。

綜上所述，你會發現，混亂沒什麼不好，重要的是「有序」。就像愛德溫・卡莫爾奉勸的那樣：「如果員工一味地按照上司的要求和計畫行事，就會失去很多可能性。相反，如果上司什麼也不管，混亂過了頭，員工也無法正常工作。」

說到有序，有一個工具可以幫助我們在混亂的狀態中保持相對有序，那就是平衡輪。

平衡輪的多元化與兼併性可以幫助我們把所有導致混亂的因素顯性化，並在保持多元化的同時，有序地推進和完成計畫。難得的是，在出現新的變量時，我們同樣可以運用平衡輪敏銳地覺察變化並加以管理及干預。

平衡輪可以在各種情形下使用，如果你也希望自己能夠兼顧全域且保持變通，不妨試試這個工具。

接下來，我們將一起製作一個「工作平衡輪」並掌握它的使用方法，具體步驟如下：

1. 收集

首先，選擇一項任務，找到這項任務中包含的所有環節和內容要素（比如，尋找重要的3~8個要素），然後，拿筆畫個圓，將圓按照你選出的要素數量進行等分，最後把相關細則分別寫到空格內。

為了讓大家更清晰地理解使用方法，我們還是借用第二章提到的「年度總結報告」這項任務進行分析。

比如，小S在分析這項任務時發現，有6個要素是幫助自己完成這項任務的關鍵，所以，她將其一一繪製在自己的「工作平衡輪」中，如圖4-8所示。

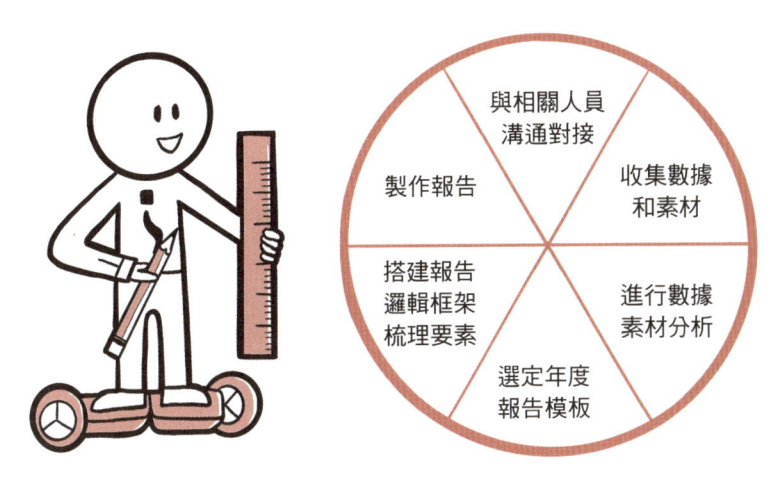

▲ 圖 4-8　工作平衡輪

2. 確認

繪製完成後，你需要確認是否存在未被添加的關鍵事項。

如果需要添加事項，則重複第一步，重新畫一個「平衡輪」，或在現有「平衡輪」中，劃分出相應的部分。

如果需要捨棄一些事項，那麼你要問自己是否真的捨棄，以及是否可以承受捨棄後產生的後果。如果反覆確認後仍需刪除，直接刪除或劃掉即可。

小S在評估後發現，要完成「年度總結報告」這項任務，光是自己寫完還不行，還需要增加兩個關鍵步驟，即「提交給老闆覆核」和「修改調整後發送」。這兩步完成後，才算真正完成了任務。除此之外，其他事項也同樣關鍵，沒有什麼需要刪除的部分。

所以，小S隨即將自己的「工作平衡輪」進一步優化，增加了兩項，如圖4-9所示。

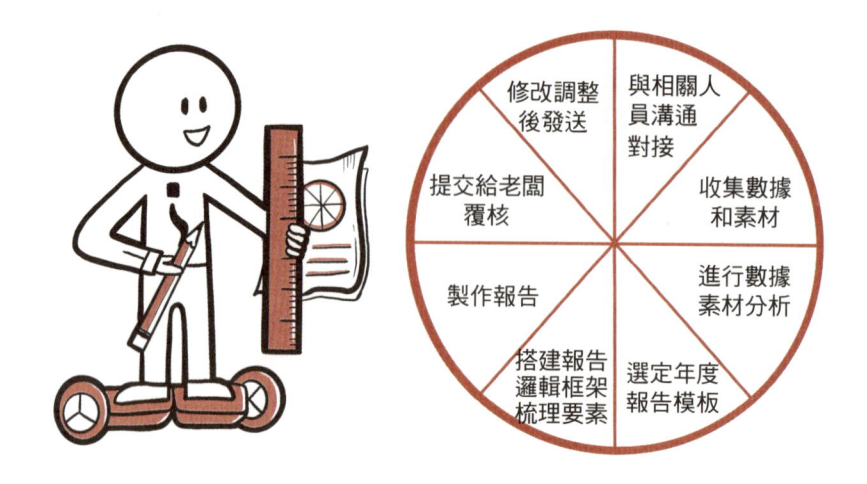

▲ 圖4-9　調整後的工作平衡輪

3. 賦值

在這一步中，你要給每個選中的要素打分賦值，1分最低（圓心處），10分最高（圓環處），並按照扇形位置標注在平衡輪上。賦值可以基於你對該任務或事項的完成度、滿意度、期望度或其他自訂的維度標準進行評定。

在這一步中，我們要完成3件事。

(1) 逐一為每個要素的現狀打分。

比如，在這項任務上，小S決定使用「完成度」作為評估要素，為所有要素逐一打分。那麼，在「與相關人員溝通對接」這一項上，小S目前的完成度為3分，則在相應位置標記3即可。

(2) 逐一為每個因素的期待打分。

小S期待自己能在「與相關人員溝通對接」這一項上達到7分，則在表示7分的位置做好標記。

(3) 觀察整體，找出最關鍵且需最先完成的任務。

打分完畢後，你觀察一下，在所有要素中，哪項任務的完成可以讓其他要素發生積極的變化，從而提升至你期待的分值，那麼選出這件事，優先完成。

比如，當「與相關人員溝通對接」從3分提高到7分時，「收集數據和素材」這項任務的完成度就會從4分提升到8分，「進行資料、素材分析」也會從2分提高到7分等，如圖4-10所示。那麼，「與相關人員溝通對接」這一項就是小S需要優先完成的關鍵任務，需要最先完成。

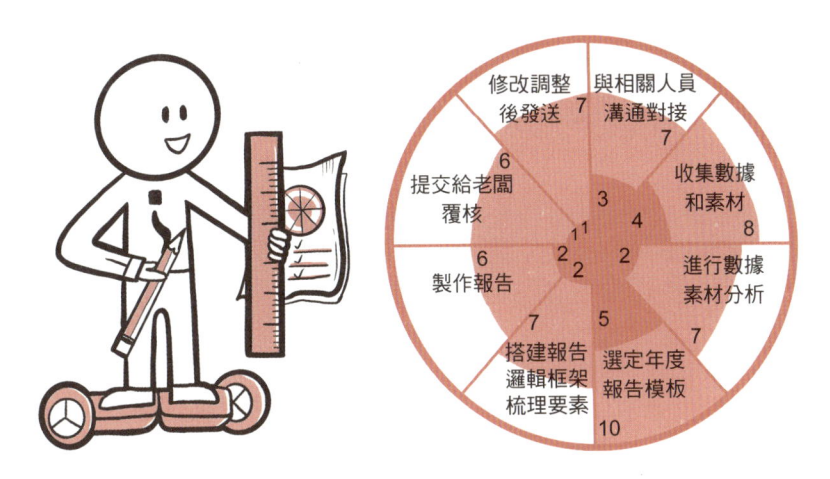

▲ 圖4-10 賦值後的工作平衡輪

4. 行動

找到需要優先做的事情，馬上行動。當然，你還可以參照前文講到的「SMART原則」制訂更加詳細的行動計畫，然後立即著手完成。

5. 保持更新

不管在哪個步驟中出現了需要添加或刪減的要素，你都可以隨時進行添加或刪減的操作。同時，按照第一步到第四步的操作方法重新檢核梳理。正如之前所說，「平衡輪」的即時靈活性，既兼顧了多變的需求又著眼於全域。就像牛津大學經濟學教授蒂姆‧哈福德（Tim Harford）提醒的那樣。「**做計畫時，要寬鬆一點，留些餘地給突如其來的麻煩，也留些餘地給突如其來的機會。**」

平衡輪的目的就是幫助我們在混亂中保持一定的有序性，你完全可以按照自己的節奏即時調整。

喚醒時刻

不妨選定一項任務，給自己設計一個平衡輪。

看看你會先處理哪項任務，以及在突發情況不斷的情況下如何保持有序。

第四節

未來，能與機器對話的人最值錢

1945年，英國作家赫伯特·喬治·威爾斯（Herbert George Wells）曾說過一句話：「人類的思維已經無法應對它自己所創造的環境了。」時至今日，技術的發展速度更是不可同日而語。進入21世紀以來，人工智慧、雲計算、大資料、工業4.0、雲機器人、區塊鏈、城市大腦等新技術日新月異，互聯網大腦開始形成，資料成了互聯網大腦記憶及智力發育的重要基礎。

人類所有的文明沉澱，開始被智慧時代稱為資料。IBM研究稱，在整個人類文明獲得的全部資料中，有90%是在過去兩年內產生的，到2020年，全世界產生的資料規模將是此前的44倍。每一天，全世界會上傳超過5億張圖片，每分鐘就有20小時時長的視頻被分享。

此外，智慧設備大大佔據了我們的心智空間，它們正在依託人類設定的程式「獨立」思考、辨別、迎合並回應我們的需求。資訊、知識唾手可得，知識半衰期[29]越來越短，資訊的爆炸、技術的革新以及行業沉浮交替

---

[29] 知識半衰期，指的是科學技能的迅猛發展，使人們過去在學校裡學到的專業知識逐步陳舊過時。簡而言之，知識更新的週期變短，知識裂變的速度加快。

的速度越來越快。在這樣的大趨勢下,想要保持自己的競爭力,除了不斷升級自己的思維認知、更新自己的知識見解、提高自己的做事效率,我們還需要學會在這個強大的智慧時代與機器對話。

瞭解「DIKW」模型,構建你的「資料庫」

一提到智慧時代,就繞不開大資料這個話題。

最早提出「大資料」時代到來的是全球知名諮詢公司麥肯錫。麥肯錫公司稱,「資料已經滲透到當今每一個行業和業務職能領域,成為重要的生產因素。」在《數文明》一書中,資訊管理專家涂子沛更是把「資料文明」推到了普羅大眾的面前。他提出,「資料是推動人類文明發展的一個大的跨越,也將是互聯網時代的全新文明形態,而個人世界的資料文明,將帶領我們跨越成為高能個體」。

在電腦、互聯網普及的當下,不管你願不願意、喜不喜歡,你都進入了「數文明」時代。無論走到哪兒,無論幹什麼,都在留下數據。「數文明」對人類的深遠影響正在發生,而資料則成為我們與機器智慧對話的一個最重要、最直接的管道。

1. 瞭解「DIKW」模型

早在1988年,知名組織理論家羅素・艾可夫(Russell Ackoff)曾在一次演講中勾勒出一個資料、資訊、知識與智慧相互作用的金字塔。美國學者大衛・溫伯格(David Weinberger)更是說:「此後可以看到,幾乎每小時都有人在世界某處的某個白板上畫下這個金字塔。」當然,這個模型的源起可能還要向前追溯,因為早在一年前,捷克裔美國經濟學家米蘭・澤蘭尼(Milan Zeleny)就已經在其發表的文章中提出了類似的觀點。經過

發展,「DIKW模型」逐漸形成。

「DIKW模型」被公認為資訊管理的經典理論之一,模型的名字由資料(Data)、資訊(Information)、知識(Knowledge)和智慧(Wisdom)四個英文單詞的首字母組合而成,這個模型向我們展現了資料是如何一步步轉化為資訊、知識乃至智慧的,如圖4-11(a)所示。當然,這也是我們想要與機器智慧對話,就要先瞭解底層資料的演變方式的根本所在。

「DIKW模型」表明,一個人管理資訊的能力可分為4級,即DIKW模型的4個層次。

第一層是數據層。

資料可以是數字、文字、圖像、符號等,但它們沒有被加工、歸納、解釋,沒有特殊的含義,是一種原始資料。這些資料可以通過搜索、採集等方式獲取,收集來的資料可以建立起「資料庫」。

第二層是資訊層。

資訊是有一定含義的、經過加工處理的、有邏輯關係並對決策有價值

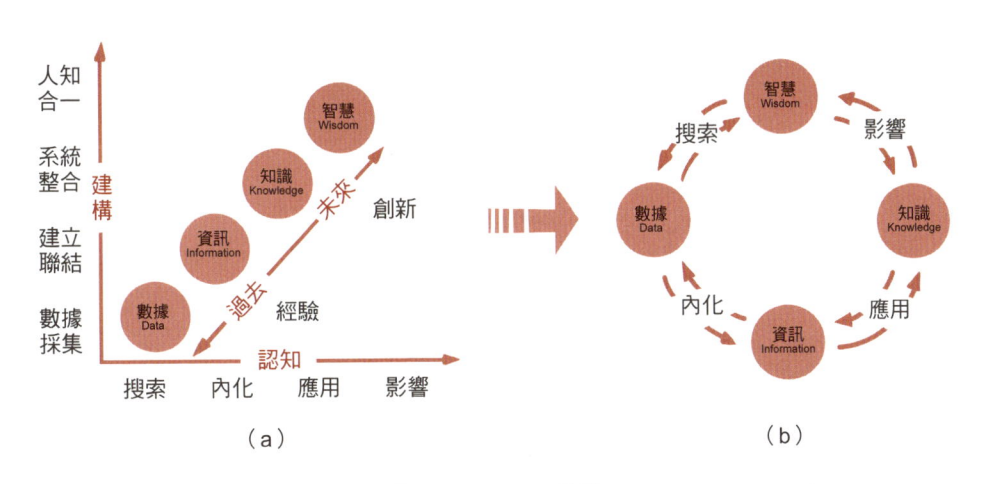

圖4-11　DIKW模型

的資料，可以這樣理解：

==資訊＝資料＋處理（內化、聯結）==

資訊是對資料的解釋，可以對某些簡單的問題給予解答，使資料具有意義。

第三層是知識層。

如果說資料是一個事實的集合，從中可以得出關於事實的結論，那麼知識就是資訊的集合，它使資訊變得有用，但知識不是資訊的簡單累加，它強調的是行動應用及系統整合。也就是說，知識讓資料與資訊、資訊與資訊在應用過程中建立起有意義的聯繫，以此解決更為複雜的問題。此外，知識經過推理和分析還可能創造新的知識，並形成一套屬於自己的體系。

第四層是智慧層。

智慧是人類表現出來的一種獨有的能力，是收集、加工、應用、傳播知識的能力。

相比而言，知識層只教會人們使用現有資料，解決當前的問題，而智慧層則主要關注未來，關注事物發展的前瞻性。智慧可以簡單地歸納為一種做出正確判斷和決定的能力，包括最合理地使用知識，與現有知識進行對比、演繹，找出或選擇最佳解決方案的能力。

智慧層最終實現的是人和知識的合一性，從而創造智慧，對未來產生影響。

2. 建構你的「資料庫」

當瞭解了DIKW模型、資料演變的管理體系後，我們發現，資料其實是最底層的基礎，而這個基礎是為了幫助我們從資料層到資訊層，再到知

識層、智慧層，層層遞進，逐漸搭建出一套完整的體系，如圖4-11(b)所示進而形成「搜索、內化、應用、影響」的迴圈輪。

迴圈輪的含義在於雙向作用、雙向演進。從整體來看，知識的雙向演進過程就是從繁雜的資料中分揀出有意義、有價值的資料，將其轉化為資訊，升級為知識，最後昇華為智慧。

既然資料是最底層的基礎，我們應該如何挖掘自己的資料，建立自己的「資料庫」呢？

正如開篇提到的，每個人都有自己的「資料」，當然，我們這裡探討的資料既不是商業化的消費行為，也不是充滿距離感的機器體驗，而是從過去到未來的真實經歷、資訊、知識及至專業應對策略。你要做的就是集合這些資料，將其轉化為智慧，以應對未來的挑戰與需求。我們至少可以從3個不同的層面入手集合這些資料。

第一層是你自己的資料。

這層資料包括你過往的經驗、經歷，無論是成功的還是失敗的，都有參考、借鑑的意義和價值。在這方面，需要強調的是：**在特定需求下，我們傾向於提取那些相對具有更精準價值的資料。**

比如，人們在第一次獨立負責一個極具挑戰的項目時，普遍會感到焦慮、無措。這時，你可以有意識且系統地啟用此前類似專案中的成功經驗。此外，你還可以提取曾經在某個專案中出現重大失誤的經歷，從而避免自己再踩坑，犯下類似的錯誤。

在這方面，諮詢公司的「案例庫」就是一種典型的將自己的資料納入資料庫的做法。這些諮詢公司會將案例整合起來，在未來應對相同行業或

相同（及相似）的商業模式、業務模式的客戶需求時，有針對性地借鑑與應用。

第二層是他人的數據。

這包括從歷史中得到的經驗、教訓，從前輩那裡學來的工具、方法，甚至是從同行、競爭對手那裡取得的資訊等。

資料還有一個重要的關注因素是時效性。你可能也會發現，很多時候，自己的經驗以及慣常的應對策略其實無法應對現實需求，尤其在需要做出重大決策時更是如此。這時，我們就需要充分搜集、獲取並分析、應用來自他人的資料資源，幫助自己決策，讓自己的決策更加可靠且可信。

比如，有意思教練CEO高琳博士曾分享過她的一段經歷：「一次『得到』找我做直播，我就在吃飯前給10個不同行業的HR、獵頭發了個微信，諮詢他們最近的用人和招聘情況。等吃完飯，我就收到了所有人的回覆。然後我把這些資料整合到我的內容裡，形成了我自己更為系統且更有說服力的觀點。」

我們必須意識到，每個人都有認知局限，也不可能掌握所有的資料，但如果你能在做決策的時候找到靠譜的人，從他們那裡獲取一些可靠的信息，再把它們整合到你的「資料庫」裡，你就能更好地排除個人意識的干擾，綜合決策。

第三層是機器的資料。

這裡提到的機器資料是真正的機器資料。

比如，我們通過人工智慧演算法技術，輸入一些歷史參考資料

及相應的指令，機器就能自動運算，得出未來的趨勢分析，甚至是相應的預測結果。

當然，你還需要注意：**機器資料是做預測而不是做決策**。正如你在提取、應用其他資料時一樣，機器資料並不一定總是精準、有效的。畢竟，數據智慧只能成為我們的參考依據，決策還需要我們來完成。

很多人說，**沒有辨識度，資料就沒有意義，其實任何資料都有其本身的價值**。你的資料庫就相當於你自己的「望遠鏡」或「顯微鏡」，你需要注意的是：**不要讓自己只能看到自己想看到的資料**。

構建資料庫相當於構建我們的能力庫、資訊庫、資源庫，相當於構建我們的底層作業系統。當然，我們還需要有意識地為這個底層作業系統升級，這樣，系統才能承載更多的「資料」，從而生成你的知識和智慧。

同時，我們也要意識到，並不是所有的資料都具有相同的價值，我們還需要學會取捨和提煉。畢竟，**這世界上有太多的資料，卻沒有同等規模的智慧**。

🐦 喚醒時刻

你將如何搭建自己的「資料庫」？這些「資料」對你的意義是什麼？

_____

_____

_____

_____

「搜商」：智慧時代的必備技能

構建「資料庫」的第一要務，就是對資料資訊進行「搜索」與「採集」。

近20年，人類生產的資訊總量已經超過自人類誕生以來生產的資訊的總和，我們徹底進入了資訊大爆炸的時代。面對資訊超載以及被海量資訊包圍的現狀，所有人獲得資訊的管道都是公開的，那麼是否掌握最基本的、可以與智慧時代對話的能力——搜商，顯得尤為重要。

什麼是搜商呢？

有人說，在現代，知道知識在哪裡遠比知道知識是什麼更重要，而搜商就是通過工具在海量資訊中獲取知識、解決問題的能力。

「搜商」（Search Quotient，簡稱SQ），被稱為除智商、情商外的第三大能力，也被稱為人類一項重要的智力因素。搜商解決的正是時間效率的問題——在一定時間內獲取的有效資訊越多，則意味著搜商越高。

既然搜商是我們與這個時代對話的重要路徑，那麼如何提升自己的搜商呢？我認為可以通過以下3個方法提升搜商。

1. 識別本質需求

不管是生活中租房買房、投資炒股，還是工作中撰寫報告、收集調研資料，又或者是想要瞭解一家公司、獲得一份權威材料，甚至是找到某一位資深行業專家請教等，都離不開搜商。

畢竟，資料資訊一直都在，重點在於如何找到它們。而找到這些資訊的前提不是怎麼找，而是找什麼。所以，識別自己的本質需求很重要。

所謂本質需求就是在剔除表面需求後的真實需求。比如，你想找一份學術報告，那麼就要問問自己是要找權威報告還是科普報告，是國內的還

是國外的；如果你想買或者租一套房子，就要問問自己預算是多少，理想地段在哪裡，要找三房還是兩房的房型等。

這就像我們解決人生大事——找伴侶一樣，需要明確篩選標準，比如身高、學歷、年齡、長相、家庭環境等具體要求。本質需求越明確，搜索的路徑也就越清晰，檢索到精準資訊的機率也就越大，效率自然也就越高。

在識別需求方面，你還可以換一個角度，即嘗試將搜索者視角轉換為資訊發佈者視角，借助搜尋引擎優化（Search Engine Optimization）中基本的關鍵檢索法進行識別，即遵循**高相關度、高流量、低競爭**這3個原則。

第一原則：高相關度。

一般情況下，資訊發佈者更希望人們能夠輕鬆檢索到精準匹配的資訊，所以，他們經常會站在用戶（也就是搜索者）的角度，去思考哪些是最有可能被搜索到的高頻關鍵字。

比如，在學習攀岩這件事情上，「攀岩課程」的搜索數據要比「學習攀岩」的搜索數據多6倍。所以，如果你想要更加明晰自己的本質需求，可以搜索與需求資訊相關度更高的關鍵字。

第二原則：高流量。

排名第一的一般都是高流量的資訊，如果這些資訊與你的需求相匹配，那麼你就順著這個方向檢索；如果匹配度不高，則參照「高相關度」原則進行替換測試。

不要害怕反覆使用不同的關鍵字進行測試，因為不斷測試就是在幫助

你明晰本質需求的同時，提升你的網感。測試次數越多，搜商、網感也就越高，你的需求精準度也就越高。

總之，與提升搜商一樣，挖掘自己的本質需求是一項熟練工種，需要不斷嘗試才可以習得。

第三原則：低競爭。

這個原則仍以搜索後的排名為依據，因為排名對於搜索結果的點擊量至關重要，一般排名第一的資訊可獲得約40%的點擊量，而排名第二的資訊的點擊量僅為26%，排名第三的則下降到了14%，所以，想要精準搜索到可用的資訊，可以使用「長尾詞」和「可替代的關鍵字」。

「長尾詞」即流行時間久的熱門詞彙，流行越久，長尾效應越顯著，比如「搜商」一詞，可以預見的是，這個詞應該會在很長一段時間內流行，畢竟這是一項資訊時代必不可少的技能。

「可替代的關鍵字」則是指在明確需求的情況下，經過驗證得到的更匹配的詞語。

比如，如果你想去哥斯大黎加冒險，就不要浪費時間去搜索「旅行」或者一般單詞「travel」。你可以用「哥斯大黎加生態旅遊」（Costa Rica ecotourism）、「哥斯大黎加熱帶雨林旅遊」（Costa Rica rainforest tour）這樣的短語展開搜索。

2. 精準鎖定管道

這一步很關鍵，就像我們選擇在哪家餐廳吃飯一樣，如果你想吃法式料理，就不太可能在一家中餐餃子館找到你中意的菜品；如果你想游泳，最好不要去一家泰拳館。明晰本質需求後，我們就要檢索相應的搜索管

道，這樣才能增加搜索成功的可能性。

　　比如，找工作就要上有相應職位的招聘網站，查企業背景就要登錄國家企業信用資訊公示系統或天眼查，想向權威專家、行家請教，就要登錄相關的學術或社交平台。

　　用資訊科學術語來講，現在的搜索都是圍繞所謂「對已知項的搜索」進行的。在搜索前，你必須確定想找的那個東西是存在的。接下來要做的只不過是給搜尋引擎發送清晰的指令，借助它找到想找的資訊而已。就像美國暢銷書作家威廉・龐德斯通（William Poundstone）說的：「我們必須在搜索某個概念前，先知道這個概念，才能進行下一步搜索。」精準鎖定管道也是同樣的邏輯，先知道管道在哪裡，才能準確找到你需要的資訊。

3. 甄別提取資訊

　　資訊大爆炸時代，許多無效資訊、廣告充斥在有用的資訊當中，其中不乏虛假和不安全的資訊，所以具備證偽思維、學會甄別和提取真實有效的資訊尤為重要。

　　畢竟，海量的知識並不具備生產力，只有經過搜索、甄別、提煉以及真正使用，才能形成智慧。這個過程也是我們形成體系化認知能力的過程。

　　學會把停留在網路上的、毫無生命力的知識，變成可用的活性知識，才是智慧時代的正確打開方式。

提升「搜商」的前提條件：學會搜索與指令

搜商不但是提升自己效率的武器，也是珍惜他人時間的奧秘。畢竟，打算向人請教前不如先向機器請教，點擊滑鼠就能輕鬆找到問題的答案，就不用再打擾別人，浪費他人的時間了。

瞭解一些日常使用的搜尋引擎與所需指令，可以幫助我們精準地找到想要搜尋的關鍵資訊，提升利用機器「外腦」的能力。

1. 常用搜尋引擎

通用的搜尋引擎有百度、必應、搜狗，還有一些專項搜索通道。比如，如果你希望定向搜索學術文獻，可以選擇百度學術、微軟學術、MBA 智庫、維基百科、知網、萬方資料等；如果你希望定向搜索微信或知乎的內容，搜狗微信和搜狗知乎的搜索效果則會更為精準。

此外，還有很多小眾但功能很強的搜索通道。值得一提的是蟲部落，它聚合了谷歌、百度、必應等國內外的學術資源以及專業領域的技術、經驗分享等，在實現精準、垂直搜索的同時，還開放了社區功能。如果你對搜索資訊感到茫然，不妨用它試一試。

當然，每一個垂直領域都有對應的垂直搜索平台，我們可以通過現有搜索平台，精準地找到它們，從而提升搜索效率。

2. 常用搜索技巧

為了更好地提升搜商，我們還需要瞭解一些基本的搜索指令。

(1) 關鍵字搜索：關鍵字 關鍵字 關鍵字。

比如，將口語化的句子「怎麼恢復被刪除的微信聊天紀錄」簡化為搜索關鍵字「微信 聊天紀錄 恢復」。使用關鍵字搜索時，資訊的精準度和

可用性也會提高很多。如果關鍵字較多，要使用空格隔開，以便精準識別。

(2) 指定關鍵字完全匹配搜索：關鍵字。

把想要搜索的關鍵字放在雙引號中，代表完全匹配搜索，即雙引號中所有的搜索資訊（包括順序）都是完全匹配的，這個指令可以說明我們精準鎖定搜索需求，特別是在搜索短語、短句時，這一方法更為有效。

(3) 不包含某類關鍵字搜索：關鍵字−關鍵字。

當然，你可能會發現，我們在搜索過程中會遇到大量干擾資訊，廣告類資訊就是其中一種。如果希望搜索的資訊中不包含廣告，你可以使用「不包含某類關鍵字」這一指令進行搜索。

比如，輸入「微信 聊天紀錄 恢復」，結果還是會出現很多廣告，那麼你可以搜索「微信 聊天紀錄 恢復−廣告−推廣」，這樣搜索出的資訊會精準很多。

需要注意的是：「−廣告」的「−」和「廣告」之間一定不要再輸入空格，否則搜尋引擎會默認「廣告」一詞仍是需包含在內的關鍵字，搜索結果也會包含廣告內容。

- 錯誤使用方法為：「− 廣告」
- 正確使用方法為：「−廣告」

(4) 指定文學影視作品搜索：《關鍵字》。

加上書名號後，搜索的資訊是圖書、影視作品等相關資訊。比如，搜索「即興演講」和搜索「《即興演講》」的內容則不同。

(5) 指定檔案類型搜索：關鍵字 filetype: 檔案格式。

很多職場人在工作中經常需要查詢大量資料或文件素材，比如PPT、Word、Excel等，那麼，可以使用查詢指定檔案類型filetype指令精準搜索。

比如，將「2019年個人工作總結」調整為「2019年個人工作總結filetype: PPT」，你就可以找到大量與此相關的PPT檔。

再比如，將「2019年雅思考試」調整為「2019年雅思考試filetype: PDF」則有效得多。

需要注意的是，此處「filetype:」中的冒號要使用英文符號，而不是中文符號。

(6) 指定時間內關鍵字資訊搜索：關鍵字 20xx..20xx。

如果想要精準查詢某時間段內的資訊，則可以使用這個指令。

比如，「線上教育2010..2019」或「知識付費2018..2020」。

同樣需要注意的是，年份之間的兩個點需要使用英文符號。

(7) 將關鍵字限定在標題中：關鍵字 intitle: 需要限定的關鍵字。

這個指令是要將搜索的關鍵字限定在標題中，而非資訊內容中，以避免資訊繁雜，提高搜索效率。

比如，搜索「孫儷intitle: 安家」，搜索結果就更為精準，排名靠前的資訊就是孫儷《安家》這部作品的相關資訊。

需要注意的是：intitle後的冒號需用英文符號。

(8) 將關鍵字限定在網頁的地址中：關鍵字 inurl: 需要限定的關鍵字。

這個指令能將搜索的關鍵字限定在網頁的地址中。

因此，使用inurl: 搜索也被很多人應用於更準確地尋找競爭對手。需要注意的是：inurl後的冒號需用英文符號。

3. 特定搜索規則

除了這些輸入指令，我們還要學習和瞭解一些搜索時需要注意的特定規則。

(1) 關鍵字無標點。

凡是輸入搜索欄的關鍵字，都不需要帶標點符號。

(2) 拼音、單詞都可搜索，且無須區分大小寫。

國內的搜尋引擎普遍比較智慧（這和我們的語言習慣有關），可以識別拼音、英文單詞等各種形式，也不需要區分大小寫。只不過，要想更精準地搜索到資訊，還是建議你使用相對精準的關鍵字搜索，以便更快速、高效地獲取有價值的資訊。

(3) 關鍵字順序不同，搜索到的資訊也不同。

關鍵字一致，但順序不同，搜索出的資訊側重點也不同，這一點需要特別注意。

當然，搜索的技巧遠不止這些，搜索的設計也在不斷取悅人類，但無論怎樣，我們始終要清楚：我們學習、掌握搜索技巧的目的是節約時間、提升效率。

機器、智慧只是你強大的「外腦」

加拿大著名傳播學大師馬歇爾‧麥克盧漢（Marshall McLuhan）曾說：「整個文明史，其實都只是人的延伸。」

1. 馴化你的外腦

在智慧科技時代，一切機器、智慧都是人類強大的「外腦」，利用好「外腦」，才能更好地與這個時代對話，而利用的關鍵在於馴化。那麼，我

們應該如何馴化這些智慧「外腦」，讓它們真正為我們所用呢？

想要馴化外腦，我們必須先弄清楚「被馴化」與「馴化」的區別。

(1) 何謂「被馴化」。

在威廉‧麥克尼爾（William McNeill）[30]的《世界史》中記錄了人類在西元前9000年左右種植小麥的情況，那時的農業發展主要採用刀耕火種的方式，先燒一片地，隔年那片地就可以為種植新一輪的小麥提供充足的養料。人類則為了獲得更好的收成，不得不在同一片土地上耕種，這看起來是人類掌握了一項養活自己的新技能，但歷史學教授尤瓦爾‧赫拉利說這是人類歷史上最大的騙局。

他認為，根本不是人類馴化了小麥，而是小麥馴化了人類，人類為了生計不得不辛勤勞作並就近而居，以至於被農業綁架，變成了小麥的奴隸。

2009年，法航447號航班遭遇空難，這也是典型的人類被機器「馴化」的例子。

當時，法航447號班機在飛行途中不幸墜毀，落入大西洋，導致機上228人全部罹難。經過調查，事故的起因竟然是這趟航班使用了世界上最先進的空巴A330飛機。這架飛機配備的自動駕駛系統只需要設定好程式，便可自行沿著既定航線飛行。調查人員稱，這種極為簡單的操作，讓當天執飛的3名飛行員過於依賴這套自動駕駛系統，以至於掉以輕心，操作失誤，致使飛機墜毀。

科技越先進,人類反而越無能的現象被稱作自動化悖論,是人類被機器馴化的典型表現。

再回想一下我們無限度地登錄社交軟體、刷視頻、看娛樂節目,放任自己進入時間黑洞,不正是我們自己選擇了「被馴化」,成為機器附庸的典型表現嗎?

(2) 如何「馴化」。

其實馴化的能力我們一直都具備,在童話《小王子》裡,狐狸曾對小王子說:「你最好能在同一時間來,比如16:00,那麼我在15:00就會開始感到幸福了。時間越來越近,我就越來越幸福,到了16:00,我會興奮得坐立不安。幸福原來也很折磨人啊!」這就是一種馴化,是對於期待的馴化。

現在人工智慧技術、演算法推薦技術日益發達,每個平台都會根據我們的喜好推送我們喜歡的內容,應接不暇的誘惑一點點消磨我們的意志力,所以,我們必須學會馴化。在馴化自己的「外腦」方面,我給你分享幾個小技巧。

第一,為App進行組合歸類:警示+獎勵。

相信每個人的手機裡都會有不同的App,我手機裡的App也不少。我在使用App時,會刻意做好分組,並把經常使用的手機App分別存放,甚至會選擇把娛樂類和學習類App歸在一起,資訊類和寫作類App歸在一起。不要小瞧這個操作,這其實是在無形之中提醒你:當你想要打開娛樂類App時,就會看到另外一個與之匹配的學習App。如果學習任務還沒有

㉚ 威廉・麥克尼爾(1917-2016),當今著名的歷史學家、全球史研究奠基人、世界歷史學科的「現代開創者」。

完成，這麼做自然就相當於在無形之中提醒自己：時間寶貴，刷一會娛樂新聞就得馬上幹正事。

而將資訊類和寫作類App放在一起，也是為了方便我們在流覽資訊的過程中，遇到好的素材時可以及時打開寫作類App，迅速記錄下來，順便完成寫作任務。

你也可以借鑑類似操作，為自己的App排排序，這相當於一個良性的錨定效應：給自己種下一個心錨，控制自己的娛樂時間，以便抽出精力把重要的任務完成。當然，在完成一項任務後，你還可以利用這種方式給自己一個即時獎勵，比如學習1小時，刷15分鐘抖音等。

但這個操作也有一個雷區，它需要使用者擁有極強的意志力，因為你可能一不小心就在該學習的時候被娛樂類App吸引過去。所以，這也是我們在訓練自己抵制誘惑的這條路上，必須闖過的一道關卡。

第二，明確告知App你想要什麼。

提到抖音這種短視頻App，我們也需要對其進行馴化。比如，在演算法給你推送你並不感興趣的資訊時，你可以選擇快速滑過，頻次一多，機器就會自動識別，從而不再為你推薦類似的資訊。當然，為了節約時間，你還可以主動通過App內自帶的搜索功能，定向尋找你感興趣的內容。

如此一來，這些「外腦」就會被訓練得更為精準，並有意識地為你推送你需要的內容，從而使你不至於被繁雜的資訊困擾。

第三，通過社交影響力注入動力。

除此之外，我們還可以借助一些社交平台的影響力或者互動性，來倒逼自己進步。對一般人而言，想要在長期計畫中保持動力還是很有挑戰性的，不妨通過在社交平台上發佈你的成長進程倒逼自己。

比如，每天更新動態，以便從你的社交媒體關注者那裡獲得點讚與支

持，這也是一種讓你收穫回報和動力的方式，還能幫助你繼續保持這一習慣。

第四，形成結構、體系、方法論。

其實，馴化的過程也是被馴化的過程，任何一種馴化都不是單方面的改造和給予。

畢竟，到處獲取知識並不能幫助我們系統地建構認知體系，建構認知體系也並不能幫助我們有效地培養技能，只有將這些知識應用到具體的場景或任務中，繼而形成行動後的經驗，用這些經驗整合自己做事的方法、原則，指引自己不斷反覆運算、完善，才能生成智慧，才能讓自己不斷增值。

一切「機器智慧技術」都無法代替人類的思考力、創造力，它們只是人們的工具和手段。我們需要做的是把點狀的知識整理成線狀的經驗，形成「面」，繼而形成「體」，不斷讓自己向「智慧」層級發展，從而激發自己的創造力（見圖4-12）。

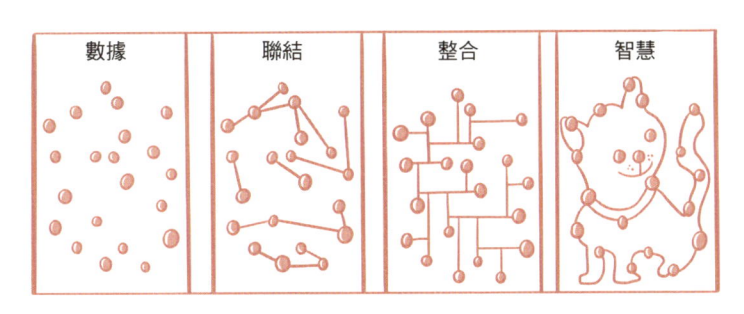

▲圖4-12　創造力的形成過程

2. 習慣法則——無替代，不祛除

即便我們真正馴化了這些「外腦」，還是無法完全避免被拖進時間黑洞，這就像患上上癮症一樣。在現實生活和工作中，我見過不少人脫離了網路就無法獨立完成工作。

比如，上司交代你寫一份商業計畫書。

大部分人的方法都是先上網搜索一下商業計畫書的範本，等好不容易找到範本，幾小時就過去了；然後再在資料庫裡搜索各種相關資料，不知不覺幾小時又過去了；最後到真正動手做計畫書時，卻發現已經快下班了，於是慌忙在剛下載的範本上補充一些資料，就草草地交差了事。可以預料，這樣的商業計畫書頂多算是及格，很難讓上司滿意。

這種無法獨立完成工作、過度依賴「外腦」的行為，就如同我們其他的壞習慣，會潛移默化地成為一種習慣。一旦形成習慣，想要徹底改變，就不得不刻意修正。

特別需要提醒的是，在改變的路上，**我們還需要遵循一項重要的原則：無替代，不祛除**。也就是說，儘量找到可替代的方案來弱化我們對此前習慣的依賴，這樣，我們才能更有效地培養新的習慣。在這方面有4個小技巧送給你。

第一，少用「不」。

人類的大腦是很有意思的，如果稍加注意，你就會發現，**越被禁止的事情，越容易引起我們的聯想**。

我們來做個試驗，請注意，我接下來會說：「**不要去想你右腳的大腳**

趾。」看到這句話，你做了什麼呢？可能很多人已經不自覺地去想自己的右腳大腳趾了吧？這就是大腦的反射回路。

同理，如果你不想讓你的另一半吸菸，卻反覆在他耳邊嘮叨：「不要吸菸，不要吸菸。」可能過了不多久，他的手會伸向口袋，不自覺地去拿菸。即便他本人並不想吸菸，持續性的「提醒」反而會增加他對這件事情的關注度，從而觸發那些被禁止的行為。

這並不是反作用力在作祟，而是我們語言的使用方式出了問題。**我們應該學會少用「不」語言，只強調提倡的行為。**

比如，你不想讓孩子玩手機，就不要反覆提醒他不要玩手機，而要給他另外的選擇：「我們是一起搭樂高，還是一起做剪紙遊戲？」這樣，孩子的注意力就會被你的提議吸引。

在職場中也是如此，如果你希望下屬聚精會神地聽你講話，就不要在看到有人打哈欠的時候斥責他們說：「一看你們就不認真，還有人在打哈欠！」打哈欠是會傳染的，「不」語言也是會傳染的。

所以，為了讓自己或者他人按照我們期待的方向行動，就要持續訓練自己**少用「不」語言，只強調提倡的行為。**

第二，用新事情替代。

改掉某些習慣時會充滿阻力，當遇到的阻力大於人們自由選擇的意志力時，試圖改變的意願就會動搖。但是，這時不能一味地對自己和他人加以批判，而是要學會用新事情轉移注意力，替代原有的習慣。

比如，你每晚22:30都忍不住刷抖音，不妨調整為，在這個時間段看一部電影、讀一本書或者做一些簡單的運動等。

嘗試用另外一種輕鬆愉悅且對你更有效、更有價值的事情作為替代方案，慢慢降低你對舊習慣的依賴，直到放棄過去的行為方式，培養出新

習慣。

第三，試一試戒掉它們。

寫書是一個枯燥而漫長的過程，說漫長是因為它需要長時間的專注和獨處。但從人性的角度出發，人們在做任何事情時，如果能獲得一些外界的良性回饋和激勵，則會堅持得更久。

有一段時間，我就因為在寫書過程中需要外界的回饋和激勵而沉迷於社交App。後來，我發現這並不能給我帶來動力，所以我果斷地卸載了那款App，並與自己約定，在完成既定的任務後，再獎勵自己重新下載使用。

當然，如果你認為沒有必要卸載某個App，也可以試著與自己約定，比如在10天內不碰它們，等完成某項任務後才允許使用，等等。你甚至不需要跟任何人分享這個決定，做就是了。

等10天過後，你可以針對戒掉的每一個App，問自己以下兩個問題。

- 這款App對我有這麼重要嗎？　　　　是 _____ 否 _____
- 我需要它為我解決問題嗎？　　　　　是 _____ 否 _____

如果這兩個問題的回答是「否」，那麼你就可以永久刪除這個App。如果你的答案是「是」，那麼就重新啟用這個App，但要想清楚如何合理使用它，甚至還可以再問自己幾個更為深入的問題。

- 如果不繼續使用這款App，我會有什麼損失？

_____

_____

- 如果繼續使用這款App，我會為此付出哪些成本或代價？

　　你還可以將這款App作為自我獎勵或激勵的一種方式。比如，這款App將成為你完成某項工作後的小犒賞，你只需要有限度、有節奏地使用它。

- 我打算將哪些App作為我完成哪些任務後的小獎勵？

- 我打算如何有節奏地使用這些App？

　　如果你對這幾個問題的答案都不太肯定，我建議你先選擇斷捨離（卸掉或者暫時停止使用它們），看看會發生什麼。

時間是最好的檢驗工具，==你終將發現，曾經覺得無法割捨的東西，其實並非不可或缺==。

第四，增加壞習慣的難度。

在谷歌工作，有一項讓人羨慕的福利，即每隔50公尺就能找到食物，但這種太容易得到食物的情況，也帶來了另一個困擾：谷歌的很多員工因此體重飆升。後來，谷歌意識到這個問題，但又不希望停止供應這些有需求的食物，所以它們想出了很多辦法。

- 重新設計了廚房的結構，把沙拉櫃檯挪到入口的中間和前面；
- 把裝食物的容器換成了小的，以便減少員工食物的攝入量；
- 把巧克力豆從透明的罐子裡換到不透明的罐子裡；
- 讓健康的食物更容易獲得，把不健康的食物挪到更難拿到的地方；
……

通過人為增加難度，負責人將谷歌員工卡路里的攝入量從29%降至20%，脂肪的攝入量也從26%降至15%。

你也可以通過刻意製造難度說明自己改掉某些習慣。畢竟，在人類的進化過程中，我們一直在經歷選擇和隔離，而習慣的養成和塑造也是一場選擇與隔離的較量。

期待你能夠在這方面做出最佳選擇，實現屬於自己的成長。

本章要點

- 下午的時間是協作時間。
- 未來能夠適應並引領組織發展的是集蜂巢型（超級）個體、平台化協作、指數型增長為一體的新商業模式。在這種模式下，「ICO型」人才具備的三大特質——獨立、協作、共贏將成為組織賦能發展的基礎需求。
- 每個人的內在都有3種不同的角色：夢想家、實幹家及批評家。你要做的是協調他們的分工，助力自己將不可能變為可能，在組織中亦是如此。
- 撬動機會的關鍵四要素是定目標、追過程、拿結果和勤複盤。
- 混亂是趨勢，學會運用「平衡輪」在混亂中找出秩序並保持創造力。
- 「DIKW」模型中的四要素——資料、資訊、知識、智慧的演進路徑是一個雙向演進的系統路徑。只有經過實際應用的驗證，我們才能擁有人知合一的智慧。
- 想要訓練與機器對話，提升搜商，就要站在資訊發佈者的角度，而非資訊獲取者的角度。要清楚，機器、智慧同樣是我們強大的「外腦」，可以為我們所用。

晚上篇

第五章　投資的晚上

保持進取，也別忘了與自己和解。

這個世界的偉大之處不在於我們的現狀，而在於我們前進的方向。

——奧利弗・溫德爾・霍姆斯
（Oliver Wendell Holmes）

第一節
帕金森定律與霍夫施塔特定律

只要有時間,你就會耗完它

英國歷史學家西瑞爾・諾斯古德・帕金森(Cyril Northcote Parkinson)通過長期調查研究,於1958年在《帕金森定律》(*Parkinson's Law*)一書中提到:「只要還有時間,工作內容就會不斷擴展,直到所有時間被用完。」也就是說,如果你的時間足夠充裕,你就會竭盡所能地耗完它。

你有沒有發現,對很多人而言,如果給他一項任務,規定2小時交付,他就會花2小時;而假如規定30分鐘就要交付,他也能只花30分鐘就搞定。遺憾的是,正是這樣一個又一個無端被消耗掉的1.5小時,組成了我們的一天。

以寫書為例,雖然我曾與其他人合著過一本書,但就獨立寫完整本書而言,我確實還是個新手。在最初寫作時,我也會有消耗了一上午的時間,卻一個字也寫不出來的情況,甚至還曾一大早就擺好架勢,卻一整天都毫無進展。

接受過寫作訓練的人都知道,在剛剛開始時,有一項重要的技能就是「先讓文字自然流淌出來」。這個技能強調的是,不要介意你寫下的是什麼,而是先把思想從腦袋中搬出來。也就是說,先不去顧慮寫下的內容連

不連貫、有沒有邏輯、專業性夠不夠，而是先把自己想說的話、想表達的思想寫下來。在這個過程中，即使遇到卡殼的情況，也要先借用最簡單的方式標記好，等到階段性目標達成後再回頭處理，切忌馬上拿起手機或打開網頁求證及查找資料，從而被其他事情干擾。因為，一旦被干擾，你可能就會陷入無限期的拖沓。

瞭解了這條定律後，我們就應該知道，不要放任自己擁有無限制的「自由」。只有給自己規定好合理的時限，只在規定時限內靈活變通，才能避免時間被無端消耗。

你花費的時間總是比你想像的要多

當然，即便我們有經驗、有能力為一項工作（或任務）制訂看似合理的時間規劃，但還是會出現「無法在規定時限內完成任務」的尷尬局面。這是因為還存在一條與帕金森定律截然相反的定律——霍夫施塔特定律，即事情所需時間總是超出預期。

霍夫施塔特定律還有一個很有意思的解釋：**即使將霍夫施塔特定律考慮在內，你在一件事上花費的時間還是要比想像的多**。這句話有些拗口，其含義是，即使你把完成一項工作（或任務）計畫要花費的全部時間考慮在內，最後，實際所花的時間還是要比計畫的最長時限要多。

這是為什麼呢？

這是因為，要麼會出現一些不可預判的事情，干擾我們如期達成任務，要麼我們無法客觀評估自己的能力，從而設置了過於樂觀的目標或計畫。除此之外，還存在第三種客觀情況，即在能力和時間都充裕且不受突發情況影響的情況下，仍然會出現霍夫施塔特定律所反映的情況。

所以，在應對具體任務時，我們需要將這兩種看起來相互矛盾的定律

結合起來使用。

1. 學會基於價值，設定最後期限

我們要評估的是任務價值，依據價值設置時間，而不是僅僅因為要完成它而設定預期時間。這裡需要強調的是，要學會跳出時間的維度看待你要負責的任務。評估事情本身的價值比設定時限更加重要。這意味著完成一件事情並不難，關鍵是你有沒有打算完成它，以及你打算如何完成它。

2. 設計雙輪驅動，做好B計畫

你必須為這件事情負責，也必須為這件事情引發的任何情況負責。

為了避免失控，我建議你最好在事情開始之前就做好B計畫，甚至在每一環節做好B計畫。比如，經常問問自己：「如果事情沒有按照你希望的方向發展，你的B計畫是什麼」或者「如果過程中發生意外或是犯下錯誤，你打算如何應對」等。

制訂B計畫旨在強化時間的靈活性，提升我們解決問題的能力，這就類似於設計了一個雙輪驅動機制，以便更好地駕馭混亂和不確定的情況，不至於讓場面真正失控。畢竟，用兩條腿走路的重要性只有在一條腿受傷的時候才會顯現。

3. 不要一調再調，調整截止時間不要超過3次

邱吉爾曾說：「給公眾以虛假的期望，而期望又很快破滅，這是最糟糕的領導方式。」人們最怕不斷獲得希望，又不斷經歷希望破滅的刺激。在這種刺激下，信任會被消磨殆盡，這是一種很危險的做法。所以，一件事情一旦無法如期達成，一定要第一時間預警，告知相關人員，給出解

決方案，而不是等事情迫在眉睫、結果塵埃落定或是管理者親自過問的時候，才告訴他們這件事出現了變故。

「給希望─破滅─再給希望─再破滅」不是明智之舉，所以，我們要麼在一開始想清楚，要麼在過程中及時糾偏。

需要提醒你的是，調整截止時間一般不要超過3次，這是底線。畢竟，**驚喜和驚嚇都不好**。

匹配你的時間與能量，把無端消耗的部分找回來

著名天體物理學家尼爾‧德格拉斯‧泰森（Neil deGrasse Tyson）在《給忙碌者的天體物理學》一書中提到了暗物質和暗能量。其實，在時間管理過程中也同樣存在這兩個元素。

那些不見蹤影、無端失蹤的時間，就是「暗時間」，而單位時間內個人投入與產出的能量則可以被稱為「暗能量」，時間與能量交織，產生實際效能，這才是我們應該管理和提升的核心要素。

正如管理學大師彼得‧杜拉克所說：「對企業而言，不可缺少的是效能，而非效率。」在個人發展過程中也是如此。可喜的是，**效能是可以通過管理和訓練逐步得到提升的**。

同物質之間的相互作用一樣，單位時間內能量的高低也會影響效能。也就是說，當人們處於高精力週期時，時間成本就會降低，效能就會提高，能量值也會變高。

我們應該如何找到這些「暗時間」，量化自己的「暗能量」，從而提升自己的「實際效能」呢？

畢竟，時間無法被量化就無法被有效地管理。所以，通過可視的量化資料進行針對性干預是非常必要的，而時間能量趨勢圖可以幫助我們實現

這一點，如圖5-1所示。

在時間能量趨勢圖中，橫坐標「暗時間」標示著一天中的24小時，縱坐標代表「暗能量」的層級。在一天內，你可以根據自己做事情的狀態或者某一時間段的能量產出給你的實際效能賦值。

時間能量趨勢圖中的變數主要是能量。也就是說，你可以給所有時間段賦予相應的能量分值，用分值的高低代表你實際效能的起伏情況。當然，不管這段時間是用來完成任務還是用來休息調整，都有對應的能量分值。

能量分值從低到高排列，毫無能量感為0，能量效能充足則為100，超出能量範圍或是超長發揮則為120。你可以在能量表中記錄自己一天的能量變化情況，看看會有什麼新發現。

比如，在訓練了「語音寫作」這項技能後，我在5:00~6:00這段時間內創造了11分鐘「碼」下2019個字、搞定一篇文章的紀錄，

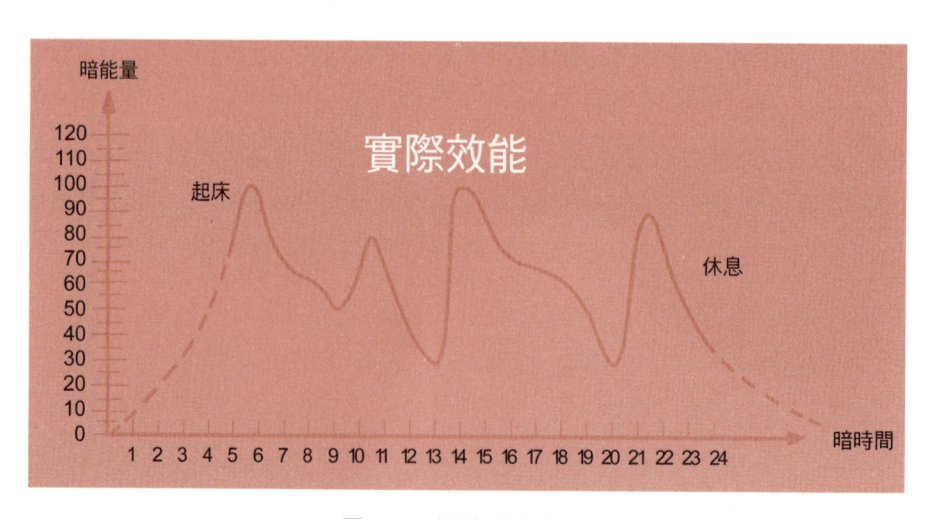

圖5-1　時間能量趨勢圖

我就可以為這個時間段的能量打100分或120分。

後來證明，使用這項技能對於實際效能的提升很有幫助，因為我又在這個時間段內創造了27分鐘「碼」下3447個字並讀完一本書的紀錄。

當你拿到時間能量趨勢圖後，別忘了跟前文介紹的「高精力新起點」以及「24小時時間導航」相呼應，看看你選擇的高精力週期是否發揮了應有的作用。如果答案是否定的，這意味著你需要進行更符合自身節律的調整。同時，你也可以在這個趨勢圖中發現，到底哪些時間變成了「暗時間」，哪些沒有釋放的能量或過度釋放的能量變成了「暗能量」。

要知道，你關注什麼，時間便會流向什麼；你關注哪裡，能量就會流向哪裡。

「暗能量」「暗物質」的存在都不是憑空推測的，它們來自觀察到的量化紀錄。如此一來，我們就可以通過不斷量化實際效能，實現彼得·杜拉克所說的：「效率是正確地做事，效能則是做正確的事情。」

我們不能一下子改變所有的事情，但可以學會順應能量節律來進行合理的規劃與調配，找到撬動效能的按鈕，讓時間、能量與之相匹配，引爆最大效能。

🐦 喚醒時刻

在圖5-1中標注你過去的24小時的能量分值，看一看每個時間段內你的能量值如何，實際效能又如何。

堅持記錄一週、兩週或是更長的時間，看一看有什麼新發現、新變化。

第二節

摒棄「浮淺工作」模式，給成長創造空間

為了更好地提升效能，除了上一節提到的兩個定律，我們還要記住一個重要原則，那就是：**摒棄「浮淺工作」模式，給成長創造空間**。

摒棄「浮淺工作」模式

不知道你是否經常看到以下場景：同事們總在下班時間慢悠悠地吃晚餐，或是在會議室外百無聊賴地坐等，只是為了等著開那些無休止的會、加那些無休止的班……其糟糕之處在於，這種「反正加班無盡頭，不如慢悠悠地幹、慢悠悠地耗」的心理和做法，成了不少職場人應對加班的常態。我也曾經短暫地在這樣的環境中工作，這種低效的工作狀態讓我實在難以接受。當我意識到不能再這樣下去的時候，我詳細統計了自己時間效能的投入與產出比，並立即叫停了這樣的模式。

每個人都需要擺脫「看似玩命工作，實則低效拖沓」的陷阱。在這方面，《深度工作》一書的作者卡爾・紐波特（Carl Newport）就給自己設定了一條鐵律：**每天17:30之後不工作**。

他提出，我們的工作分為兩類：一類屬於深度工作，在這種情況下，人們單位時間內的效能最高，產出品質也最好；另一類則是浮淺工作，

就是那種看起來很忙，但沒有什麼產出的工作。基於此，他把「堅持每天17:30之後不工作」的方法稱為固定日程生產力，並規定自己只能在固定時間段內工作，從而倒逼自己提高工作效能。在3年的時間裡，他除了在自己的工作中成就顯著，還發表了20多篇專業論文，出版了兩本暢銷書，贏得了兩個重要獎項。

很多人認為，在加班成為常態的當下，喊出「準時下班」是一種反論調。如果不刻意縮短工作時長，我們就永遠無法給自己按下開關，也無法讓自己養成「只要坐到電腦前，就能用100%的專注完成任務」的極致狀態。因為那種「反正還早」「反正有的是時間」的念頭總會乘虛而入，誘惑你放棄高效訓練自己的要求。

加班是一種職業操守，但無限制的「浮淺工作」所帶來的時間消耗，是對企業的不負責任，一定要區分這兩者的本質區別。

給自己設計一個「15%」秘密基地

值得一提的是，並非只有無限度的加班（注意：我提到的是「無限度加班」，適度加班的情況在特定需求下還是非常有必要的）才能為企業創造產能。美國3M公司就有著獨特的管理模式，並藉此不斷刷新其對世界的影響力。

這家1902年成立於明尼蘇達州的百年企業，在2004年時就被《IT時代週刊》稱為全球航母式企業。目前，它在全球60多個國家設有分支機構，在其100多年的歷史中，其高品質產品從家庭到醫療，從運輸到商業，從軍事到教育，從建築到電子通信，等等，覆蓋了各個領域。

支援這家公司在眾多領域發揮影響力的還有其獨有的企業文化。1948年，時任3M公司總裁的威廉姆・L. 麥克奈特（William L. Mcknight）就

推出了具有開創意義的「15%時間規則」。「15%時間規則」的神奇之處就在於，它鼓勵每個技術人員每週拿出15%的工作時間「做私事」。

這些技術人員可以將15%的工作時間用來研究自己感興趣的東西，且無須證明自己的決定是否正當，也無須獲得上司同意，甚至都沒有人關注這些個人研究是否有利於公司。截至目前，這樣的帶薪興趣開發制度，已經幫助3M公司開發了近7萬種產品，擁有了10萬項專利，相當於平均每天就能研發出1.7個新產品。

3M公司的價值觀中還有一條專門寫著：「切勿隨便扼殺任何新的構想。」其管理層認為，鼓勵員工利用「15%時間規則」去做更多突破性工作，不但可以培養員工的雄心壯志，還有利於創新團隊的長遠發展。在公司裡，總裁威廉姆·L·麥克奈特甚至會鼓勵員工進行有可能吞噬公司自身產品的創新活動，他認為，「與其讓別人蠶食，還不如自己吞噬。」公司還設立了各種各樣的獎項鼓勵創新，這種創新力推動著公司持續突破，也推動著個人持續成長。

在摒棄了「浮淺工作」模式後，我們也應該給自己設計一個「15%時間規則」——抽出15%的時間發展自己，為自己建立一個秘密提升的小「基地」，讓自己有機會幹一件大事。

這件大事最好不是普通的業餘愛好，而是一項需要嚴肅對待、認真投入的重要任務，並且最好每天都能取得一些進展，以期達到很高的水準，為社會創造價值。

除此之外，我們還應該樹立以下意識，讓時間流向那些為我們的未來打造更強競爭力的事情。

1. 培養遷移能力

日本「經營之聖」稻盛和夫曾說：「<u>只要能夠做到以未來進行時態來對待自身能力，成功的大門就必定會為你打開。</u>」

確實，任何經歷都可以幫助我們培養能力，但我們更需要做的是<u>把訓練習得的能力轉化成可遷移的能力</u>。這些能力涵蓋方方面面，比如問題解決能力、語言表達能力、公眾演講能力、寫作能力、戰略規劃能力等。就連為他人提供幫助以及向他人求助都是一種能力。這些能力也是個人成長過程中極為重要的能力模型。為此，我整理了使用頻率較高的32項通用能力模型供大家參考，如圖5-2所示。

你可以從圖5-2中選出自己目前已經具備的能力模型，並思考一下，它是你從哪段經歷中習得的，又有哪些仍舊在你當下的工作和生活場景中發揮著作用。

人際溝通能力	語言交流能力	公眾演講能力	諮詢能力	教練能力	培訓輔導能力	監督能力	領導能力
說明能力	談判能力	調停能力	訪談能力	客戶服務能力	照顧他人能力	分析思維能力	批判思維能力
創造性思維能力	問題解決能力	決策能力	計劃能力	組織能力	高級寫作能力	研究能力	財務能力
語言表達能力	高級電腦操作能力	工程能力	藝術能力	感性能力	機械操作能力	適應能力	行動能力

▲ 圖5-2　32項通用能力

資料來源：就業服務（Career Services）。

你已經具備的能力模型有哪些？

_____

_____

_____

仍在發揮作用的能力模型有哪些？

_____

_____

_____

這些正在發揮作用的能力，就是遷移能力。

除此之外，如果你還沒有想好預留15%的時間可以用來做什麼，那麼，我建議你依據這32項高頻通用能力模型，選出你打算訓練、提升的遷移能力，或者根據這些能力鎖定那些能夠加速提升它們的項目，為自己列一個切實可行的訓練計畫。立即開始行動吧！

2. 先行動後思考

3M公司極有威望的研究帶頭人科因（Coyne）稱，公司的管理哲學是一種「逆向戰略計畫法」。他們秉承的是「先有解決問題的辦法，後有問題」的創新管理模式，這個模式的理念與全球50大管理思想家（Thinkers 50）之一的埃米尼亞・伊貝拉（Herminia Ibarra）提出的「先行動後思考」的理念不謀而合，而且這也是本書反覆提及與強調的重要觀點。

一個人只有先有外在行動，才能通過不斷積累，引發思維方式的內在

轉變，進而成長為自己真正想要成為的人。當你通過行動建構了新的身分認知後，你才有可能真正擁有高維視角，以此思考和解決問題。

正如偉大的社會心理學家卡爾・韋克（Karl Weick）所說：「我何以知道自己在想什麼呢？只有在看到我做了什麼以後才能知道。」

3. 做更有遠見的事

被稱為「布希大腦」的卡爾・羅夫（Karl Rove）曾和美國前總統喬治・H・布希打賭，約定每週讀書。結果，布希因太忙以15本之差落敗。即便如此，布希也在一年的時間內讀完了95本書。他稱自己很重視「每週讀兩本書」這件事，他說：「讀書不但是一種減壓和娛樂方式，還能讓自己變得更睿智。」

每個人的時間和精力都是有限的，誰也不可能兼顧一切，但就連總統布希都能擠出時間做他認為更有遠見的事情，那麼，對我們普通人而言，想要在工作之餘提升自己，必須給自己留出時間真正行動。

當然，做更有遠見的事情並沒有那麼宏大或遙不可及，遠大的目標也是由日常的微小行動彙集而成的。

- 在沒有成為管理者時，就按照管理者的方式分析問題、解決問題；
- 在沒有進入期待發展的領域時，就開始學習該領域的知識和技能；
- 在沒有任何有遠見的目標時，就開始多讀書、多學習、多向他人請教，拓寬自己的認知邊界。

和那些無端消耗時間的行為相比，這些顯然是更有遠見的事情。畢竟，與其將自己禁錮在極小的微觀局面中，不如主動建構更多元、更客觀的局面，著眼於未來。

你要做的第一步，就是逐漸放下之前那些煩瑣的日常工作，學會分配時間，做更有遠見的事情。

4. 訓練戰略意識

商場就是戰場，這之間有著微妙的界限，這些界限就是一種戰略選擇。戰略並不是「空的東西」，也不是「虛無」，而是直接左右企業能否持續發展、持續盈利的最重要的決策參照。

事實上，戰略意識反映的是一個人的全域觀、系統觀和發展觀。其中，是否具備長遠的眼光，能否抓住事務的本質，是否能夠通過實幹解決問題，也同樣重要。也就是說，在戰略選擇上，光有敏銳的嗅覺還不夠，還需要學會權衡利弊，做出判斷，提供策略指導。

正如《史記》所說：「明者遠見於未萌，智者避危於無形。」其含義是明智的人在尚未出現徵兆時，就能預見將有事情發生，有智慧的人可以在危難來臨之前，想好辦法以避開災禍。培養自己的戰略佈局視野，也是在幫助企業前瞻性地做出最有利的選擇。

當然，訓練戰略意識也是本書的一條隱線，每個章節都與之相關，期待你也可以借此獲得成長。

第三節

設計並兌現你的人際關係帳單

你常往來的5個人，其平均值就是你。

——吉姆·羅恩（Jim Rohn）

在多年前的一項研究中，研究者對比了那些被團隊認為高效的管理者與成功升遷的管理者。研究者發現，其最大的區別在於，高效的管理者把時間花費在與組內成員一起工作上，而成功升遷的管理者則花費更多的時間去和其他部門或更高的領導層建立聯繫。

有人可能會說，這是一種討巧的辦公室政治行為，但我想告訴你的是，這是一種新的能力——強聯結能力。這種強聯結能力正是建立並拓展人際關係網絡的能力。

在閱讀了越來越多的管理學圖書，並在管理者崗位上長期實踐後，我發現，自己曾經的一大限制性信念極大地阻礙了我在職場中更多元的探索之路，那就是拓展人際關係網絡的信念。

此前，我一直堅守一個信念：在職場上，應該憑藉專業實力一路攀升，不要運用所謂的「職場政治手腕」。我此前確實一度認為發展人際關

係就是一項職場政治活動，所以，我總是不屑、不願、不敢讓自己周旋於各種「人情世故」當中。直到我開始研習領導力後才發現，人際關係是個人發展的重要組成部分。

正如華為公司總裁任正非所說：「<u>人最大的運氣，是某一天能遇到一個人打破你原有的思維，帶你走向更高的境界</u>。」人際關係網絡的不斷搭建，就如同增加了一條乃至多條網絡執行緒，幫助我們不斷疊加看待世界的尺度和角度，也在不斷加速我們個人發展的進程。

所以，構建人際關係網絡，從而設計人際關係帳單應該成為每個職場人的必修課。需要提醒的是，每個人都應該秉持「毫無功利性」的心態來研修這門課程，因為這樣做只是為了助力我們從多維視角認知並突破自我。

提到設計人際關係帳單，就不得不提到組織行為學教授埃米尼亞·伊貝拉（Herminia Ibarra）曾就這一課題做過的一項調研，調研的對象均為她在INSEAD[31]教授「領導者培訓課程」時的學生。調查資料如圖5-3所示。

在外部建立人際關係網絡：
被調查者們評價以下選項是否會對其成為
一個更高效的領導者起到極大作用

外部培訓　88%
朋友和家人的支持　62%
與同行或外部網絡建立關係　57%
上司或前輩的指導或反饋　58%
導師或榜樣的幫助　51%

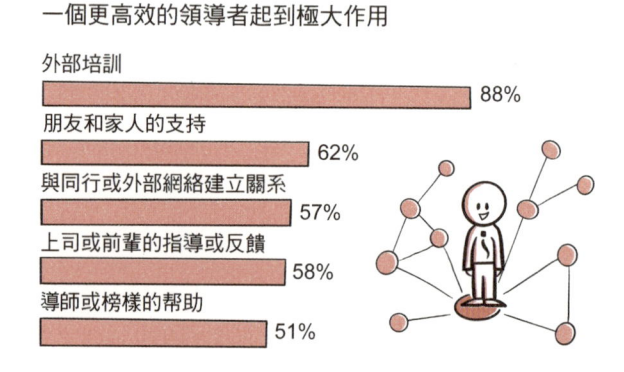

▲ 圖5-3　在外部建立人際關係網絡的選項佔比

資料來源：2013年10月，參與INSEAD開設的領導者培訓課程的173位校友的調查情況。

調查資料顯示，5種建立人際關係的方式，在個人成長發展中起著極大的作用。它們分別是：**外部培訓、朋友和家人的支持、與同行或外部網絡建立關係、上司或前輩的指導或回饋、導師或榜樣的幫助**。當然，這5個維度也可以成為我們自己設計人際關係帳單的依據。

另外，在人際關係維繫方面，我給自己制訂的目標是，**每個月至少與4個不同領域的專業人士建立深度聯結**。比如，向他們請教，打一通電話或是抽時間聚餐等。就像領英創始人里德·霍夫曼所說：「**交際圈就是你的職業圈**。與身邊的人建立聯繫，和更優秀的人保持同頻。同時，你也要為他們提供幫助和價值，這才是當代社會開啟持續發展的職業生涯的基礎。」

人際關係網絡中的3種生態位

人際關係能否得以維繫，根本在於交往的各方能否相互賦能。也就是說，除了對方可以為你提供價值，你是否也能為對方提供價值，而不只是一味索取。所以，在分析了各個領域的名家志士之後，我們會發現，優秀的人總是群聚出現的。他們身邊存在許許多多的生態位，而你與他們的相處方式，也可以依據生態位的方式進行建構，那就是：**聯合、互補、對峙**，如圖5-4所示。

㉛ INSEAD中文全稱為歐洲工商管理學院（前譯為英士國際商學院），是一所世界一流的商學院。INSEAD在2018年和2019年QS世界大學排名商業與管理學領域名稱列全球第二，連續多年位於全球前三的位置，其在學術聲譽（Academic Reputation）一欄更是取得了滿分——100分的評級。其全球視野和文化多樣性體現在研究和教學的各個環節，被譽為「歐洲的哈佛商學院」。

▲ 圖5-4　人際關係的3種相處形態

1. 聯合

　　聯合指的是：你和那些優秀人士一樣出色，你們在能力、見識、格局、視野方面不分上下，你們之間存在思想共鳴，能夠彼此交流，可以相互賦能。比如，摯友、合作夥伴關係。

　　你的「聯合」清單上都有誰：

_____

_____

_____

2. 互補

　　互補強調的是：你可以成為那些優秀人士身邊的協作者，他們為你引路，給你指明方向，你給他們傳遞理念或者為他們提供基礎的協助、支持等。比如，做他們的學生、理念的傳播者、繼承者、助理等。

　　你的「互補」清單上都有誰：

_____

3. 對峙

當然，如果你與這些人在某些方面無法保持一致，也可以成為他們的**對峙者、競爭者，甚至是批判者**。請注意，對峙、競爭、批判並非貶義，也不是惡意對抗，而是提醒我們找到一位真正的對手，與之競賽、較量，帶著一種批判性思維，不斷革新自我，不斷反覆運算與發展。

正如世界著名管理大師彼得・聖吉說的那樣：「**未來唯一持久的優勢，是誰比競爭對手學習得快。**」而我想提醒你的是：**在內心情感上，我們需要的是朋友，但在追求卓越的路上，我們需要的是對手。**

別忘了，對手越強，越能幫助我們變得強大！

你的「對峙」清單上都有誰：

從本質上講，這3種形態的人際關係網絡也是在保持生態圈的多元化，正是這些多元化的組合，才造就了完整的生態系統，而這種生態系統模式在商業環境中同樣適用。

不過，**生態系統的根本目的不是競爭，而是競合**。即便你與對方的相處模式是對峙，也不是要你們真的去拚個你死我活，而是在互相指出對方短板、漏洞的過程中，彌補不足，倒逼彼此加速成長。**這也是我們建立人際關係帳單的根本用意，競合才能彼此長遠賦能**。這樣的商業案例比比皆是。

比如，在微軟變成巨頭之前，比爾‧蓋茲就一直小心翼翼地和IBM維持著關係，也正是和IBM的合作，讓微軟有了後來的成就。再比如，賈伯斯在1997年回到蘋果公司之後，做的最重要的決定之一，就是宣佈和微軟合作。賈伯斯當時公開表示，必須放棄「蘋果贏，微軟就必須要輸」的想法。這項決策為蘋果公司帶來了微軟1.5億美元的投資，解決了長期的爭端，還讓微軟同意給蘋果開發軟體。

所以，在人際關係中，最強有力的關係其實是，雙方都有能力為對方創造價值，而不是只有一方創造單邊價值。同時，我們也要學會藝術性地化解競爭，形成競合局面，促成多方獲益。

最重要的是，**你需要開始重視和發展人際關係，構建你的人際關係網絡**。

不斷拓寬認知與能力邊界

除了職場內部的人際關係需要重視和發展，外部的人際關係網絡也同樣需要我們關注和採取行動。說實話，我在外部人際關係網絡的構建上頗有一些心得，這取決於我對自己的特殊要求——結識各行各業、各種類型的「奇特」且優秀的朋友。這可以補足我在職場人際關係方面的弱項，幫

助我提升外部的人際關係影響力。

說起來很有意思,我和傳統的只在某個單一領域深耕的人不同,我認識的朋友,既有各個行業的專家、教授,還有各個領域的從業者和企業家。他們幫助我看到了更多元的世界,建構了更多元的認知。當然,說他們「奇特」並不是他們真的異於常人,而是他們從事的行業可能是你平時沒有接觸,甚至壓根沒有聽說過的。

比如,熱情測試認證師、螺旋動力學的研究者、剛滿15歲的新銳作家兼音樂創作人、搖滾樂團歌手、多次登上紐約聯合國大會的女性創業者以及為世界冠軍們「重塑心智」的腦認知科學家等。重要的是,他們在各自領域都非常出色。

正是這些處在不同行業和領域的朋友,讓我有機會見識到,原來世界還有這麼多不同的打開方式,還有這麼多未知的領域值得探索,也讓我因此更敬畏這個世界,同時,能夠更平和地看待每一個人以及每一種行為模式。

此外,我還非常熱衷於參加有意義的公益活動。

比如,2020年年初,我們就曾在3天的時間內集結了近400名公益教練,為3000多人提供了線上的團隊教練輔導,幫助他們重塑信心,提升領導力。

連續兩年參與鄉村公益助學專案,和公益團隊一起,帶領來自大山的百名鄉村教師體驗賦能式教學。

支持青少年發展公益教育事業,給那些小學、初中、高中的孩

子分享自己在求學、就業路上的點滴，為他們講解如何有效溝通，分享效能管理、情緒管理小技巧，等等。只求給孩子們多開一扇窗，幫助他們創造更多的可能性。

連續4年為世界百強名校的歸國留學生提供就業指導、優勢解析以及職業生涯規劃，助力他們開啟國內就業第一站。

此外，我還曾發起公益故事分享，希望更多的人能夠藉故事分享者的經歷，照見自己的影子，能夠從他們的成長故事中得到啟發，從而積極樂觀，充滿感恩、勇氣、向陽而生⋯⋯

這些機緣不斷加速著我的進化和成長，我還因此擁有了重要的聯結能力。==我一直堅持一個原則：擴大邊界，從不限制自己==。發展你的人際關係，就是在拓寬你的認知與能力邊界。

就像我經常掛在嘴邊自我警醒的一句話：「==身邊的人都如此優秀，所以你更需要加速奔跑==。」正如商業哲學家吉姆・羅恩提醒大家的那樣，「你常往來的5個人，其平均值就是你。」

畢竟，==朋友的品質影響著你人生的品質==。

記得在情感帳戶上儲蓄

正如圖5-3中的調查資料顯示的那樣，「朋友和家人的支持」排在第二位，除了與朋友保持良好的關係，也不要忘了在家人的情感帳戶上儲蓄。人雖然是社會型動物，但最根本的情感需求有一大部分來自家人。

在這一點上，我先生的觀點一直影響著我，雖然他也是事業型的職場人，但對於家庭而言，他一直堅持一個觀點：==工作只是生活的一部分==。他經常說：「工作的目的就是帶給家人更好的生活。」所以，不管工作有多

忙，只要孩子或者我身體抱恙，他都會第一時間陪我們去醫院，照顧我們的飲食起居。當家庭與工作的投入失衡時，他總是毫不猶豫地選擇前者。

現任臉書首席營運長的雪莉兒・桑德伯格（Sheryl Sandberg）同樣如此，她堅持每天17:30準時下班。她說這樣做是為了確保在18:00的時候，和孩子們一起吃晚飯。

事業之所以順暢發展，多是因為強大的家庭保障在發揮作用。所以，回家之後的深度陪伴、週末專屬的出行計畫、與家人一起的生活儀式感……同樣不可或缺。

每個人都需要為家庭進行情感儲蓄。

最後提醒大家，人際關係帳單是動態變化的，如同收納專家勸誡我們的那樣：「你需要定期給自己的衣櫥做一次斷捨離，因為過去的衣服已經配不上現在的你了。」別忘了，我們的人際關係帳單同樣存在這種「過時效應」。當然，這並不是要讓你成為當代「陳世美」，而是希望提醒你，當你看到的世界越大，你對自己的認知越清晰時，你就需要更為精準並能與之對話的人際關係網絡。

最後，我們要記得感恩每一位與我們有過交集的人，**他們都是我們成長路上的貴人**，正因為他們的存在，我們才得以抵達更廣、更大的平台。

掌控24小時
讓你效率倍增的時間管理術

🐦 喚醒時刻

你設計的人際關係帳單上都有誰？

_____
_____
_____
_____
_____
_____

你計畫用什麼樣的方式與他們建立聯繫？在什麼時間實施這個計畫？

_____
_____
_____
_____
_____
_____

第四節

停止「報復性熬夜」，讓你的24小時收支平衡

- 你有沒有白天工作太忙，只能在晚上熬夜打遊戲的經歷？
- 你有沒有白天焦頭爛額、心情糟糕，就想熬夜看劇，讓自己放鬆一下的情形？
- 你有沒有白天極度鬱悶，晚上拉著小夥伴煲電話粥，通宵抱怨一整晚的暢快？

當白天的需求未被滿足時，我們就很容易陷入「報復性熬夜」的怪圈，與其說這樣做是為了掌控時間、獎勵自我，倒不如承認，這其實是一種過度補償的行為。這種利用晚睡來消耗精力的行為，其實也是一種心理「上癮症」。

熬夜不會緩解焦慮，只會加重它們

中國醫師協會發佈的《2018年中國90後年輕人睡眠指數研究》顯示，六成以上「90後」覺得睡眠時間不足。其中，31.1%的人具有「晚睡晚起」的作息習慣。可能有些人會說，「我晚上效率奇高」。的確，每個

人的精力週期不同，這也是我們一直在強調尋找高精力週期的原因。

但報復性熬夜不同，它是一種長期、長時間、無節制的熬夜行為。比如，長期0:00以後入睡，甚至熬到凌晨2:00、3:00才入睡，第二天自然無法早起，這樣極容易導致精神長期萎靡不振。

我有個朋友曾經坦言，熬夜給他帶來了很大的不良影響。之前他經常熬夜工作和學習，當時覺得效率極高，但現在後悔了。因為他發現，隨著年齡的增長，過度消耗的腦力正在逐漸對他產生影響，經常性的頭痛也困擾著他。

哈佛大學心理學博士劉軒也曾公開坦言：「我曾一度認為做創意一定要在夜深人靜的時候。後來，在我培養了更健康的作息之後，我才發現，創意不但沒有減少，反而在更穩定、更可靠地產生。」

雖然因熬夜出現經常性頭痛的情況並不普遍，但也絕非個例，因為持續性熬夜確實會給我們帶來副作用，長期如此，還有可能造成慢性睡眠紊亂——睡眠相位後移症候群（Delayed Sleep-phase Syndrome，簡稱DSPS）[32]，越晚睡越無法正常入睡，甚至嚴重影響我們正常的生活和工作節奏。

此外，熬夜還會加速衰老，導致視力下降、記憶力衰退、胃腸功能紊亂、注意力不集中、反應遲鈍、頭痛、失眠，還會出現易怒、焦慮等神經、精神方面的症狀，嚴重時可能會危及生命。

所以，**熬夜其實並不能幫助我們緩解焦慮，反而會造成其他傷害。**

晚上篇
第五章 投資的晚上

補眠不是「萬能術」，睡眠缺失無法補回

可能還有人會說：「熬夜沒關係，把睡眠補回來就是了。」尤其在假期或週末之前，當你問一些人如何慶祝難得的假期時光時，有不少人會這樣回答。

- 補眠啊，好好補補！
- 終於有個週末了，一定要一覺睡到自然醒！
- 好不容易有時間休息，當然是美美地睡一覺，好好休息一下。

很多人說，週末最重要的事就是睡覺，好像只有睡足了才算還上欠了一週的睡眠債。更有甚者，週末晚上拚命熬夜，白天卻睡到日上三竿才爬起來。**結果是越睡人越乏，越睡頭越痛**。現實中，確實有不少人以為平時欠下的睡眠時間，週末睡個懶覺就能補回來。事實上，短期補充睡眠雖然可以緩解我們的困倦感，但無法真正修復熬夜帶給身體和大腦的損耗。

哈佛醫學院一項新的研究發現：週末補眠很難彌補平時熬夜引發的健康問題，甚至可能比持續睡眠不足危害更大。這項由美國科羅拉多大學博爾德分校發表在《當代生物學》（*Current Biology*）雜誌上的論文指出，「週末補眠只會對當週欠下的睡眠債產生『溫和而暫時』的積極影響。」也就是說，週末過後，因缺少睡眠產生的生理壓力，會在新的一週捲土重來。

㉜ 睡眠相位後移症候群是一種慢性睡眠紊亂，患者一般都會晚睡晚起，生活節奏受到嚴重影響。在臨床診斷中，部分患者要等到天亮才能入睡，一旦睡著，睡眠時間與正常人相近。這種晚睡晚起的狀態，令人難以按時上班、上課，作息時間紊亂。

該研究還發現，補眠人員的某些健康檢測結果，甚至比連續熬夜人員的結果更差。而且，每晚只能睡5小時還會帶來體重增加、褪黑激素的延遲分泌、全身胰島素敏感性降低等問題。關鍵在於，這些不良效果不會因為補眠而消失。

精神病學家樺澤紫苑也是這種觀點的支持者，他在《為什麼精英都是時間控》一書中曾說：「週末睡懶覺反而會降低大腦的機能，而你週一早上的鬱悶感覺，很可能是週六、週日睡懶覺造成的。」

儘量讓你的24小時收支平衡

既然如此，我們應該怎麼做呢？我的建議是：如果實在無法做到規律作息，也要儘量讓你的24小時保持收支平衡。

1. 規律作息，不要熬夜

如果每週只有一兩天睡眠不足，週末也許可以把精氣神補回來，但若是長時間缺眠且作息不規律，那麼週末再怎麼睡懶覺也無濟於事。

正如美國科羅拉多州立大學助理教授肯尼士‧賴特（Kenneth Wright）所說：「週末補眠是否會對偶爾熬夜的人有好處有待進一步研究，但目前已知的是，規律的作息非常重要。」所以，建議你即使在週末也要和工作日一樣保持良好的作息規律。如果你在工作日經常熬夜加班，那麼，請務必調整和改善。

比如，在固定的時間起床，固定的時間睡覺。當你養成規律的生活作息後，身體才能學會在相應的時間做出相應的反應，大腦機能才能保持最佳狀態。

2. 不要刻意在週末補充睡眠

日本有句俗語，叫作「儲蓄睡眠」，意思是有時間就睡個夠，把睡眠存起來為以後忙的時候做準備。但從醫學的角度來看，這是完全錯誤的。睡眠根本不能儲蓄。**即使今天睡了12小時，對明天而言也毫無益處。**

如果工作日確實非常勞累，非要在週末或假期睡個懶覺，我建議你最多比平常晚起床2小時。請記住，這2小時已經是極限了。

2小時後，如果你還是困倦，那麼你可以選擇先起床，再利用「精力修復術」階段性補眠或小憩，幫助自己恢復狀態。

3. 做點不一樣的事

其實休息不一定只是睡覺，切換狀態也能達到休息的效果。如果休息日還在重複工作日做的事情，我們只會感到更加疲勞，所以，我們可以利用週末做些平時不做的事情，借此來休息身體，放鬆大腦。

比如，參觀展覽、下廚為自己做一頓精緻的午餐、與朋友來一場戶外之旅……這些都是不錯的休息和緩解方式。

4. 越疲憊，越運動

從醫學的角度來看，運動是消除疲勞最合理的方式，越疲憊的人，越應該多運動。運動還可以促進生長激素的分泌，運動過後人會睡得更香、更沉，有助於提高睡眠品質。睡眠品質提高了，疲勞感自然更容易消除。

設計一個「三明治」休假

每個人都需要給自己這台快速運轉的機器煞個車，擦拭保養，留出一定的自由空間，所以你需要勇氣讓自己休個假。

谷歌非常鼓勵員工享受假期，甚至強迫員工休假。我之前服務的企業都有著花樣百出的假期福利，比如女性專屬的生理假、父母專屬的親子假、為老人慶祝生日的孝親假等。全球流媒體巨頭公司奈飛的休假規定則更為自由、開放：員工無須經過審批，只要做好交接就可以休假，甚至是帶薪休假，休假時長沒有限制，可以由自己決定。網飛的創始人里德‧哈斯廷斯（Reed Hastings）覺得，「休假會給人帶來刺激感」。他更是身體力行，經常休假。

當然，休假是為了消除壓力，而不是休假歸來後讓自己更加忙碌。好的休假就像充電，可以讓你在後面很長一段時間內擁有充沛的精力。所以，為了更好地切換工作與休假狀態，你不妨運用「三明治」休假法（見圖5-5）調整一下。

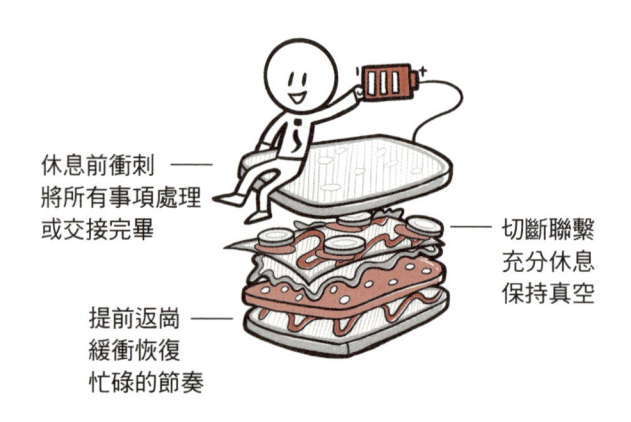

▲ 圖5-5 「三明治」休假法

「三明治」休假法講求在休假前衝刺，把該處理、該解決、該交接的事務全部處理完畢，以保證自己在休假期間與工作徹底切斷聯繫，而不至於總是在假期中擔心錯過重要的電子郵件，或是突然得知自己需要列席某個重要的線上會議。

休假的時候，你要儘量讓自己保持真空狀態，可以像一些專業人士經常使用的「休假式治療」一樣，儘量不要碰工作。你要相信那些應該被處理的事情自然會有人處理，那些想找你幫忙的人也可以自己找到答案。此外，在休假期間，還要儘量避免無節制地上網、打遊戲等，儘量少做這些需要投入巨大精力的事情。

最後，在休假結束前給自己設計一個緩衝期，這個緩衝期可以是幾小時或者一天，目的是讓自己提前進入半緊張的工作狀態，這類似於提前返崗，讓自己保持半緊張的節奏，以免在大家都忙忙碌碌的時候，你卻需要調節自己的狀態來適應。

當然，對於一些實在閒不下來的人而言，還可以利用休假時間去各地參觀學習，或者與好久不見的摯友、導師、跨行業的朋友見見面、聊聊天，這樣既達到了休息的目的，又維繫了人際關係，還不會因此產生虛度時光的愧疚感。

掌控24小時
讓你效率倍增的時間管理術

喚醒時刻

回顧屬於你的一天24小時,並在「24小時時間導航」中清晰地記錄下時間走向。看看哪些需要保持和精進,哪些需要調整和改善。

第五節

保持儀式感，
給未來留一點不可預測性

一天24小時之旅，每個人的感受和收穫都不同，但不管如何，你都應該學會客觀地看待這一天。所以，我們還要注意以下3點。

保持必要的儀式感

如果這一天中，你真的做了一件或者幾件了不起的事情，比如登上了某個演講台、獲得了晉升、拿下了某個專案的負責權⋯⋯別忘了和他人認真分享這份喜悅，而不是只輕描淡寫地說一句：「嗯，還行吧。」

不要弱化取得的成績，學會坦然地告訴大家，像下面這樣：

- 我很重視這次上台演講的機會，為此我熬了8個通宵寫演講稿，我還一次次在鏡子面前排練，一點點糾正自己的每一個小動作、每一處微表情、每一個咬字發音⋯⋯看來，我表現得還不錯。
- 在真正獲得這份晉升機會前，我已經在這個崗位上工作了3個月，我的上司和團隊成員們都非常認可我。開心的是，我們還在上個月全集團的比賽中拿到了業績冠軍，大家都為此感到高興。

- 這是我很喜歡的專案，我已經研究它半年了，而且也已經在這方面取得了一些成果。聽到可以負責這個專案的消息我很開心，希望我們可以一起把它完成得更出色。

當你真實地表現出對這件事情的渴望、期待和在意時，對方才能感受到你的珍視。實際上，你的朋友和家人遠比你想像的更期待你分享這些點滴。說不定，他們也正在想辦法為你慶祝。

相信我，每個人都需要儀式感，這種儀式感就像《小王子》中狐狸說的那樣：「它使某一天與其他日子不同，使某一時刻與其他時刻不同。」

即使事情發展得並沒有預想的那麼順利，或者真的出現了什麼意外時，你的朋友和家人們也會想起你對這件事情的重視，轉而真誠地安慰你或是給你提供幫助與支持。這可比輕描淡寫地一筆帶過強多了。

喚醒時刻

創造儀式感是從點滴的小事開始的，那麼你今天有哪些想要分享的小成就，又打算給自己創造一個怎樣的小儀式呢？

_____

_____

_____

_____

_____

做獵人，更要做農夫

我身邊很多人都是以結果論英雄的，尤其是在商業環境中，沒有結果意味著一切都是偽命題，這聽起來雖然有些絕對，但這是真實存在的常態。同時，我們也要認清一個事實：結果是驗證和犒賞，過程才是收穫和成長。

結果反映的只是我們在這件事情上是否取得了成績或成就，但成長和收穫一定是過程帶給我們的。

結果雖然是過程的成績單，但結果的好壞並不能判定我們是否獲得了內在成長。過程及過程中的細節才能反映我們到底栽了哪些跟頭，收穫了哪些能力，掌握了哪些知識等，過程讓我們成長為想要成為的人。

在和被馬雲稱作阿里巴巴「定海神針」的俞朝翎（俞頭）合作時，我經常聽到他反覆強調：「過程！過程！過程！」他是一個極其注重過程的人。他認為拿到結果有兩種方式：一種是做獵人；另一種是做農夫。但他說，不要羨慕獵人，要多做農夫。

獵人很好理解，一是靠運氣，二是靠槍法。運氣到了，遇到了好的獵物，恰好自己內功訓練得不錯，一兩槍搞定，就拿到了成果。

農夫則不一樣。莊稼要一點點耕種，苗怎麼選，秧怎麼插，都是學問，每一個細節都很關鍵。在這一過程中，農夫不但把自己的能力一點點培養了起來，秧苗也逐漸成長了起來，這相當於給自己建造了一個糧食基地，不但現在有糧食吃，未來也有源源不斷的糧食吃。

可能有些人會說，做獵人也要經過長時間、高強度的刻苦訓練，這點我非常認同。正如俞頭提倡的，希望每個人既能成為獵人，也能做好農夫。因為，我們不但要擁有獵頭的嗅覺、敏感與執行力，還要具備農夫細耕細作的耐力與堅持。

把「名詞」換成「動詞」

對於優秀的職場人而言，我們需要訓練自己成為自己的管理者，並讓自己隨時切換至「進行式」狀態。這種「進行式」狀態是一個動態過程，也是一種把「名詞」切換成「動詞」的能力。

《腦與語言認知》一書收錄了來自《自然》（*Nature*）、《科學》（*Science*）、《大腦與語言》（*Brain and Language*）、《神經成像》（*NeuroImage*）等歐美頂級國際學術期刊中的數十篇有關腦與語言認知的文章。大量證據顯示，人左腦半球的一些區域會被動詞更平穩地啟動，而因名詞引起更強啟動性的區域卻尚未發現。

著名哲學家亞里斯多德也曾提到，動詞除其本身的意義之外，還帶有時間的概念，而名詞則不具備時間的性質。當人們聽到一個動詞的時候，頭腦中浮現的不是一個靜止的點，而是一種運動的狀態。他還在《修辭學》中強調：「要使事物活在眼前，必須使用表示行動的動詞。」

在品牌傳播中也是如此。當一個品牌從名詞變成動詞時，品牌本身也就具有了穿透力，如同你看到「點擊這裡，直接購買」，或是「戳這裡，就可以帶走這本好書」這些句子時，會下意識地想要按照提示操作一樣。也就是說，當你保持「進行式」（動態）狀態時，可能無須過多的啟動程序，就可以開始行動了。

所以，當你把「自律」變成「堅持自律」，把「夢想」變成「追逐夢想」，把「人生」變成「創造人生」時，你內在持久的行動力也更容易被啟動。

喚醒時刻

試著將你目標中的名詞轉變成動詞,並將它們寫在下面,讓自己始終保持「進行式」吧。

_____
_____
_____
_____
_____
_____
_____
_____
_____
_____
_____
_____

精心計畫的生活,雖然不會出現什麼大差錯,但總是有點乏味無趣,激情不足。你有沒有想過,你至少可以在1個月裡為自己預留1~2小時未經規劃的時間,給自己的生活預留一些不可預測性?

這些不可預測性正是生活中未知樂趣的源頭。

谷歌前工程師邁克斯・霍金斯（Max Hawkins）就是這種方式的熱衷者。在長達兩年的時間裡，他對於穿什麼、吃什麼、去哪兒、見什麼人，都不做任何計畫，完全隨機。他會讓電腦隨機選定一個城市，然後搬過去住上兩三個月。有一段時間，他還嘗試把電腦選中的食物，從自己的飲食中完全去掉。

即使電腦生成了他不願意去做的事情時，他也會先思考這背後的阻力到底是什麼，然後真正克服它們。他說：「正是這些存在阻力的事情讓我獲得了成長。」

在很多人看來，他對這種不可預測性的熱衷程度很瘋狂，但霍金斯希望可以通過這種方式讓自己的選擇更加多元，給自己的未來留一點不可預測性。

世界本身就是不可預測、不確定的。不同的是，==有的人刻意避免不可預測性，有的人則會主動擁抱不可預測性，甚至主動製造不可預測性==。

畢竟，為了進步，你的門必須給未知事物留一條縫。

本章要點

- 晚上的時間是投資時間。
- 投資效能,學會匹配時間與能量,運用時間能量趨勢圖夯實高精力週期,把丟失的暗時間、暗能量找回來。
- 投資成長,運用15%時間規則,為自己設計一處秘密提升的小「基地」,培養自己的遷移能力,幹一件有遠見、有戰略格局的大事。
- 投資人際關係,找到可以並肩前行的夥伴、值得追隨的導師、足夠強大的對手,向他們深度學習,同時,別忘了抽時間投身公益,在情感帳戶上儲蓄。
- 投資睡眠,不要報復性熬夜,也不要無休止地補眠。規律作息,讓你的24小時收支平衡。
- 投資勢必有短線收益像獵人,也有長線收益如農夫,重要的是保持持續向前的進行式狀態,同時別忘了過程中的儀式感,同時給未來預留一點不可預測性。

尾聲

第六章　就到此結束了嗎

一週、一月、一年，你還可以做哪些事情？

> 不管你能做什麼或者你夢想著做什麼，放手去幹。膽識能帶給你天賦、能力和神奇的力量。
>
> ——歌德（Goethe）

第一節

堅持做好「一」，點亮成就地圖

走過一天的24小時就代表我們可以得心應手地掌控時間了嗎？答案仍然是否定的。我們經常會被「為什麼還有那麼多工要做」「為什麼事情越做越多」的挫敗感擊垮，所以，我們還要學會堅持做好「一」。

我在研究時間管理時，設計了這樣一份人生成就清單，但我更希望稱之為「人生成就地圖」。繪製「人生成就地圖」時，不需要追求太多，先有「一」即可。而人生也正是一場不斷找到「一」、堅持「一」、做到「一」的旅程。

現在，請你拿出一張A4紙，或者打開圖6-1的「人生成就地圖」。圖中設定了120格，代表著120歲。除此之外，圖中還預留了10個格子，代表130歲。

迄今為止，在有記載的金氏世界紀錄中，壽命最長的是一位法國女壽星珍妮・路易絲・卡爾梅特（Jeanne-Louise Calment），1997年去世，享年122.45歲。

如圖6-1所示，每個格子中都寫著相應的年齡。你可以在每一個已經

第六章　就到此結束了嗎

度過的年歲對應的格子裡，寫下一項當年的成就。

另外，你還可以使用「STAR法則」[33]記錄它們。「Star」在英文中有明星的意思，它同樣代表著這個成就事件的閃光時刻，也代表著你活出了屬於自己的成就狀態。

▲ 圖6-1　人生成就地圖

---

[33]「STAR法則」是情境（Situation）、目標（Target）、行動（Action）、結果（Result）四個詞首字母的組合，是一種清晰、有條理地講述自己故事的方式。熟練運用此法則，你可以輕鬆表現你所分析、闡述的內容的清晰性、條理性和邏輯性。

接下來，在格子裡寫下你的STAR經歷。比如，在我25歲時，我成功地加入了當時非常心儀的一家公司，所以，我將其記錄了下來，如圖6-2所示。

當然，每個人對「人生成就地圖」的詮釋都不同，我的自我要求就是經歷不同階段、扮演不同角色，並且把這些角色全部真實地演繹一遍，這就是我樂在其中的原因。而你也完全可以按照自己對成就事件的定義，將它們記錄下來。

另外，對於還沒有開始的未來年份，你也可以提前為其做好規劃，點亮一個計畫的成就時刻。比如，給自己添加一個新的標籤，或者開啟一段新的經歷，無須太多，每年一個即可。

以我為例，我希望自己可以在明年擁有一個新身分，也許是成為TEDx的演講嘉賓，也許是成為某個知識付費平台的特邀主理人。當然，在達成願望、實現目標這件事情上，行動遠遠比空想可靠得多，這就是願景的力量。相信我，當你大聲地告訴自己並提醒眾人你有何種願望時，資源也會向你湧來。哪怕到最後，你的計畫由於種種原因沒有實現，你也會發現，擁有一個明確的前進方向並為之努力時，即使沒有到達終點，也不

「STAR時刻」	給你的STAR時刻命名 如：2012年成功加入了心儀的公司
「STAR時刻」簡述	可以基於STAR（情境、目標、行動、結果）法則，描述你的故事 如：因為是自己很想從事的行業，給自己制訂了目標後，主動爭取，最後成功入職。 25歲

▲ 圖6-2 「STAR成就事件」描述

會跑偏得太遠。那時的你，也一定比現在的你優秀得多。

另外，你的每月、每週、每天同樣擁有STAR時刻，也同樣值得記錄。當然，這些STAR時刻（尤其是每天的STAR時刻）可能沒有那麼轟轟烈烈，它們可能只是一些微乎其微的小事，或者只是一些讓你感動的瞬間，抑或僅僅是一些你突發奇想的小創意實現後的驚喜。總之，要為自己記錄，在記錄中見證成長。

「人生成就地圖」中的每一個STAR時刻都是你的人生里程碑；這些里程碑就像遊戲中打怪升級經過的關卡，每過一關，你的背包中就會多一個「重量級」裝備。

記錄每一個成就事件，助力你變得飽滿且充滿力量。

喚醒時刻

回憶你過往的每一年中有哪些成就？這些成就不一定很宏大，但至少需要符合兩個標準：

① 你喜歡它帶給你的體驗；

② 為成果感到自豪。

這些成就可以是在一次重要會議中勇敢發言，也可以是幫助好朋友解決了某個難題，總之，定義的標準完全在於你自己。

_____

_____

_____

_____

第二節
你需要一位時間喚醒教練

即便闖過了層層關卡，走到了最後，我們可能還是會發現，自己仍舊會置身於以下4種狀態中的某一種狀態下，即無能力無意識、無能力有意識、有能力無意識或有能力有意識，如圖6-3所示。

▲ 圖6-3　教練賦能模型

當你處於有能力且有意識的最佳狀態時，你需要做的就是立即行動。而當你處於另外3種狀態下時，你會發現，能力可以不斷積累，但意識才

尾聲
第六章 就到此結束了嗎

是打開新世界大門的鑰匙。

如果說螞蟻是一維生物，人類則是介於三維與四維之間的生物，那麼，假如在四維空間的基礎上增加一條與之交叉的時間線，我們就來到了五維空間。從五維甚至更高維的視角發展自己，才是不斷提升自我認知與實現思維升級的關鍵。

所以，除了盲目行動，你還需要找到一位能夠幫助你跳出三維，站在五維甚至更高維度探究及拓展系統的人，而這個人可能是你人際關係帳單中的某一個人。更理想的情況是：找一位專業的時間喚醒教練幫助你。

谷歌前CEO埃里克‧施密特就曾說：「迄今為止，我收到的最好的建議就是：人人都需要一個教練。」在微軟，比爾‧蓋茲更是將教練應用在了企業人才與組織發展項目上，並為每一位企業高潛人才配備了一位外部教練。對加速個人成長而言，教練正是不二人選。當然，**時間喚醒教練喚醒的一定不是時間，而是你**。

正如心理治療大師密爾頓‧埃里克森提出的關於人性的5項假設那樣，教練喚醒的正是這5項假設，它們分別是：

(1) 每個人都本自具足（People are OK）；
(2) 每個人都擁有自己需要的一切資源（The person has all the resources necessary）；
(3) 每個行為的背後都有正面意圖（Every behavior has a positive intention）；
(4) 每個人都可以做出當下最好的選擇（The person is making the best choice possible）；
(5) 改變不可避免（Change is not only possible，but inevitable）。

想要終身成長，不妨邀請一位時間喚醒教練陪伴，他們將與你一起，把這些假設變成你真正的優勢與資源。

成為自己的時間喚醒教練

在本書的最後，我想邀請你做自己的時間喚醒教練。因為沒有任何人能夠替代你從事這份工作。畢竟，撬動機會的原動力來自你自己，你需要行動，才能挖掘出人生真正的意義和目的。

最重要的是，**你值得擁有你期待的人生**。正如被譽為時裝界「一代宗師」的山本耀司所說：「『自己』這個東西是看不見的，撞上一些別的什麼，反彈回來，才會瞭解『自己』。所以，跟很強的東西、可怕的東西、水準很高的東西相碰撞，才能知道『自己』是什麼，這才是自我。」

別忘了，**雞蛋從外面打破是食物，從裡面打破是生命**。當你感覺痛苦的時候，實際上是在走上坡路，這是一種經歷，也是一種創造。就像心理學家加利‧巴福（Gary Buffone）博士在《假如沒有明天》中提醒的那樣：「一旦覺察到時間有限，我們就再也不會願意過『原來』那種日子，而想活出真正的自己。這就意味著我們轉向了曾經夢想的目標，將一種新的意義帶入我們的生活。」

所以，我特別邀請你，每天通過以下5個問題進行梳理，真正創造並實現屬於你的每一個獨特的人生階段。

(1) 在這個人生階段裡，你真正想要的是什麼？

_____

_____

_____

(2) 它們為什麼這麼重要？

(3) 怎樣確保它們一定能夠實現？

(4) 為了實現它們，你打算承諾什麼？捨棄什麼？

(5) 你如何知道自己已經達成了？

當然，答案可能沒那麼容易找到，但不妨經常用這5個問題問問自己，答案將越來越明晰。

　　期待你，每天、每週、每月、每年都能收穫進階版的自己！期待在終身成長的路上，遇見你！

本章要點

- 建構你的人生成長系統，成為終身成長的踐行者。
- 點亮人生成就地圖，從每天、每週、每月、每年的小成就開始，不用多，「一」個即可。
- 最後，別忘了，邀請一位時間喚醒教練陪伴，把自己訓練成自己的時間喚醒教練。

我的答案僅供參考

在現實生活中，我們很容易從一個人身上看到野心和勇氣；但是在面對挫折和孤寂時，那種不動聲色的堅持、不計得失的豁達以及智慧和擔當卻是最難擁有的。人的一生要面對許多決策，決策的品質決定了生命的品質，甚至人生的品質，而時間始終是做決策時至關重要的因素之一。時間就像一條長河，載著我們順流而下。當遇到現實問題需要決策時，我們無法迴避，無法停留，只能選擇以當下最好的方式回應。我們只有通過每天的24小時，不斷地重塑自我，才能活出全新的自己。正如對我影響最大的海峰老師所說：打敗現在的自己！

我們每一天都在前一天的基礎上攀爬奮鬥，當然，在攀爬奮鬥的過程中，也別忘了欣賞沿途的風景。改變正是在持續行動下發生的，幸福和成長就蘊含於這一過程中。回首過往，你可能會發現，當時的選擇不一定正確，但對於那個當下來說，也許就是最好的選擇。

我希望本書可以幫助你構建一幅全景圖，記錄你每天真實發生的事情，幫助你制訂目標、完成計畫。如果你願意，它還可以成為你的小助理，協助你看一看在通往目標的路上有沒有脫軌，又冒出哪些靈感，創造了什麼驚喜……你不妨把它們記錄下來，作為你成長路上的見證。

當然，本書提到的工具、方法絕不是盡善盡美的。因為我自己仍在不

斷學習、踐行和完善它們。我還想與你分享，寫書是重塑自我的開始，當我把看到的、聽到的、想到的彙集起來呈現於此的時候，也意味著我將再次歸零，重新出發。因為我知道，我還需要補充更多的新知和技能。而本書的思想和觀點，將被你詮釋，從而成為你的觀點和思想。當這些觀點經過你的理解，成為知識被傳播，並觸發行動、帶來改變時，也就意味著它們將在更多人那裡變成智慧。

　　最後，我想借用凱文・凱利在《失控》序篇中的一句話：「我希望大家在讀完這本書後，能夠形成自己的體系方法論，從而使這本書徹底『過時』，果真如此的話，我會認為我的作品是成功的。」

　　當然，別忘了，每天問自己一個問題：你想成為什麼樣的人？

致謝

我經常說，我是一個抽了一手爛牌，卻拚命想打好的人。在打好人生這場「牌」的旅程中，我清楚地知道，這一路上有幸遇到的每個人、每段經歷，都為我的成長之路存下了一筆專屬的財富，在此，我只想由衷地感恩、感謝！

感謝重構我認知模型的各位導師：打開我生命覺醒之門的瑪麗蓮·阿特金森博士、幫助我觸達場域能量的查理·佩勒林博士、引導我真正從底層敬畏生命的簡·尼爾森博士，以及促進這些機緣真正發生的李海峰老師。

感謝秋葉大叔以及大叔專業團隊的支持，感謝佳少回饋的專業意見，感謝本書的視覺呈現師小凡，感謝閱讀初稿後，為我提出寶貴建議的摯友們：任博、尹一傑、黃斌、劉力子、Liliane、楊良霞、吳越、鄔江、奉奉子玲、朱麗亞、韓磊、杜鑫、史鋒、周斌、閃電大白夫婦。

還要特別感謝本書的產品經理王振傑，與我一起關注進度，打磨細節。感謝家人們的鼎力支持，讓我能夠心無旁鶩地創作，成功地把這本書帶到你的面前。

最後，感謝這本書的讀者——那個正在創造無限可能的你，期待你也能夠借助這本書喚醒自己，畢竟，真正的成長永遠在路上！

期待在路上，遇見你。

掌控24小時：讓你效率倍增的時間管理術/尹慕言
作.--初版.--臺北市：春天出版國際文化有限公司，
2025.02
面 ； 公分. -- (Progress ； 34)
ISBN 978-957-741-999-6(平裝)

1.CST: 時間管理　2.CST: 工作效率

494.01　　　　　　　　　　　113017888

掌控24小時
讓你效率倍增的時間管理術

Progress 35

作　　者◎尹慕言	總 經 銷◎楨德圖書事業有限公司
總　編　輯◎莊宜勳	地　　址◎新北市新店區中興路2段196號8樓
主　　編◎鍾靈	電　　話◎02-8919-3186
出　版　者◎春天出版國際文化有限公司	傳　　真◎02-8914-5524
地　　址◎台北市大安區忠孝東路4段303號4樓之1	香港總代理◎一代匯集
電　　話◎02-7733-4070	地　　址◎九龍旺角塘尾道64號 龍駒企業大廈10 B&D室
傳　　真◎02-7733-4069	電　　話◎852-2783-8102
E－mail◎frank.spring@msa.hinet.net	傳　　真◎852-2396-0050
網　　址◎http://www.bookspring.com.tw	
部　落　格◎http://blog.pixnet.net/bookspring	
郵政帳號◎19705538	
戶　　名◎春天出版國際文化有限公司	
法律顧問◎蕭顯忠律師事務所	版權所有・翻印必究
出版日期◎二○二五年二月初版	本書如有缺頁破損，敬請寄回更換，謝謝。
定　　價◎450元	ISBN 978-957-741-999-6
	Printed in Taiwan

中文繁體版通過成都天鳶文化傳播有限公司代理，由人民郵電出版社有限公司授予春天出版國際文化有限公司獨家出版發行，非經書面同意，不得以任何形式複製轉載。